主要粮食作物节水高效灌溉控制指标试验研究

邱新强　张玉顺　秦海霞　路振广　张金鹏　等　著

黄河水利出版社

·郑州·

内 容 提 要

本书是围绕河南省主要粮食作物(冬小麦、夏玉米和水稻)节水高效灌溉试验撰写的,研究涵盖冬小麦、夏玉米和水稻的节水高效灌溉控制指标体系、不同水分亏缺对作物生理生态指标的影响、水分亏缺条件下主要粮食作物的耗水特性及其产量和水分利用效率的变化、作物产量与耗水量关系研究等内容,具有针对性和实用性强的特点。

本书可供从事农业水利及资源环境等相关专业的科技人员和高等院校师生阅读参考。

图书在版编目(CIP)数据

主要粮食作物节水高效灌溉控制指标试验研究/邱新强等著. —郑州:黄河水利出版社,2023. 8
ISBN 978-7-5509-3702-4

Ⅰ. ①主… Ⅱ. ①邱… Ⅲ. ①粮食作物-节约用水-灌溉-试验-研究 Ⅳ. ①S507. 1-33

中国国家版本馆 CIP 数据核字(2023)第 155582 号

组稿编辑: 王志宽 电话:0371-66024331 E-mail:278773941@qq.com

责任编辑 景泽龙 责任校对 岳晓娟
封面设计 黄瑞宁 责任监制 常红昕
出版发行 黄河水利出版社
地址:河南省郑州市顺河路 49 号 邮政编码:450003
网址:www.yrcp.com E-mail:hhslcbs@126.com
发行部电话:0371-66020550
承印单位 河南新华印刷集团有限公司
开 本 787 mm×1 092 mm 1/16
印 张 9.25
字 数 161 千字
版次印次 2023 年 8 月第 1 版 2023 年 8 月第 1 次印刷

定 价 68.00 元

本书作者

邱新强　张玉顺　秦海霞
路振广　张金鹏　王　敏
张明智　王艳平　杨浩晨
马倩钰　杨静敬　田　波
张权召

前　言

河南省作为我国粮食主产区,粮食总产量稳居全国前列,为国家粮食安全作出了重要贡献。河南省水资源短缺,全省人均水资源量不足全国平均水平的1/5,属于严重资源性缺水地区,水资源供需矛盾突出。农业灌溉是用水大户,如何提高农业灌溉水利用效率和作物水分生产率,使有限的水资源发挥更大的经济效益和社会效益,是当前农业生产中亟待解决的重大问题之一,也是促进河南省粮食生产核心区建设、提高粮食综合生产能力、保障国家粮食安全和水安全的重要举措。

本书是在系统总结近年灌溉试验研究成果和技术报告的基础上形成的。本书作者所在的河南省水利科技应用中心(原河南省水利科学研究院)水资源与农村水利研究所,同南阳市鸭灌水利试验站、河南省人民胜利渠保障中心节水试验站(原河南省人民胜利渠管理局节水灌溉试验站)联合攻关,通过系列田间试验探索高水分利用效率兼顾高产的节水高效灌溉控制指标体系,已经显示该成果具有较好的实用性和推广价值,可操作性强。撰写本书旨在对已有研究成果做进一步梳理、完善和整合,结合生产实际系统地描述水分亏缺下各粮食作物的农艺性状、生长发育动态、耗水特性、产量形成和水分利用效率的变化规律,为农业水资源高效利用提供理论依据和数据支撑。

由于作者水平有限,书中难免有错误或不妥之处,敬请读者批评指正。

作　者

2023年6月

目　录

第1章 绪 论

1.1 研究的背景及意义

水是生命之源,是人类和一切生物赖以生存的重要资源。随着人类物质文明的发展,人口的膨胀,水资源开发利用急速发展,加之水污染和水资源浪费的日趋严重,全球水资源的供需矛盾日益尖锐,水资源短缺已成为人类在21世纪所面临的主要问题之一。我国是世界上最为缺水的国家之一,水资源总量约为2.8万亿 m^3,人均水资源量却不足2 200 m^3,约为世界平均水平的1/4,预计到2030年,我国人口增至16亿时,人均水资源量将降到1 760 m^3,接近国际上公认的严重缺水警戒线。不仅如此,我国水资源时空分布不均匀,南多北少,东多西少。淮河流域及其以北地区的国土面积占全国的63.5%,但水资源量仅占全国总量的16.8%。此外,水资源的年内、年际分配严重不均,夏秋多,冬春少。大部分地区60%~80%的降水量集中在夏秋汛期,洪涝干旱灾害频繁。正常年份我国缺水量近400亿 m^3,600多个城市中有400多座城市缺水,其中有100多座城市处于严重缺水状态,日供水能力仅能保证65%~70%。农村有3.2亿人饮水不安全,年缺水农田面积达0.257亿 hm^2。近年来,随着人口增加、经济发展和城市化水平的提高,我国的水资源供需矛盾日益尖锐,北方地区河流断流的问题日益突出,南方地区季节性干旱也日益严重,水污染和水浪费日趋严重,部分地区的水资源开发利用程度也已超过水资源的承载能力,严峻的水资源形势已经成为制约我国经济社会发展的"瓶颈"。

农业是我国的用水大户,但随着工业和城市的发展,我国农业用水比重已从1980年的88%下降到目前的63.0%。据估计,21世纪中叶,农业用水比重将下降到52%。农业用水中90%的水用于灌溉,但我国灌溉水的利用率远低于欧洲发达国家70%~80%的水平。随着农业结构战略性调整和高效农业、现代农业的发展,大力推进节水农业,提高农业用水效率是缓解我国农业用水危机的根本性措施,是我国农业可持续发展的必由之路,也是解决这一矛盾的主要途径。

河南省是人口大省、农业大省、粮食生产大省，但河南省水资源总量偏少，多年平均水资源总量为403.53亿 m^3，人均水资源量仅为407 m^3，不足全国平均水平的1/5，远远低于国际公认的人均1 000 m^3 的水资源紧缺标准。按国际公认的人均500 m^3 为严重缺水边缘标准，河南省属于严重缺水省份。全省多年平均降水量为768.5 mm，从南到北由1 400 mm递减到600 mm，并且年际、年内降水量变化大，丰枯年相差2~4倍，全年降水量的50%~75%集中在6~9月，汛期过后，降水量会大幅减少，往往形成旱灾。旱灾是河南省最主要的农业自然灾害，历史上有“十年九旱”之说。特别是2008年冬，河南省连续一百多天无有效降水，受旱范围之广、时间之长、程度之重、危害之大，均属新中国成立以来同期所罕见。新中国成立以来，全省干旱灾害平均每年成灾面积都在1 440万亩[1]以上，造成粮食减产达40亿斤[2]左右。河南省是国家粮食战略工程的核心区，1978~2007年，河南省粮食产量由419.6亿斤提高到1 049亿斤，占全国粮食总产量的10.5%，居全国第1位，党中央、国务院对河南省的粮食生产寄予厚望。冬小麦、夏玉米和水稻是河南省的主要粮食作物。2007年，小麦播种面积7 820万亩，占粮食播种面积的55.1%，产量为596亿斤，占粮食总产量的56.8%；玉米种植面积4 169万亩，占粮食作物面积的29.4%，产量为315.6亿斤，占粮食总产量的30.1%；水稻种植面积900万亩，占粮食作物面积的6.3%，产量87.3亿斤，占粮食总产量的8.3%。但河南省冬小麦的生育阶段恰巧处在干旱少雨的季节，这期间的适时灌溉对冬小麦的高产稳产尤为重要。夏玉米的生育阶段虽处在河南省的多雨季节，但是河南省大部分地区玉米拔节前的降水量都很少，此外，在夏秋有时会遇到季节性干旱，出现“卡脖旱”。因此，如何在玉米生长期间制定合理的灌溉制度，进行科学的农田水分管理，以提高水资源利用效率，实现玉米高产稳产，也是亟待解决的问题。水稻是喜水作物，耗水量较大。水稻的高耗水特性与地区水资源供需矛盾日趋尖锐的现状形成了鲜明的反差，特别是沿黄稻区的播种面积自2007年以来逐年下降，严重影响了水稻生产的正常发展。因此，推广水稻节水措施，控制水稻灌溉用水，已成为关乎河南省水资源可否持续利用，经济社会可否持续发展的大问题。

---

[1] 1亩=1/15 hm^2，全书同。
[2] 1斤=0.5 kg，全书同。

随着河南省工业化、城镇化的快速推进,农业用水的比重日趋减少,灌溉水资源的短缺对农业发展和粮食生产的约束日益突出。为了有效应对干旱及水资源紧缺造成的粮食危机,研究河南省主要作物节水高效灌溉标准,制定合理高效的节水灌溉制度刻不容缓。

节水农业是指充分利用自然降水和灌溉水的农业。其研究的中心问题是如何提高农业生产中水的利用率和利用效率,即在灌溉农业中如何做到在节约大量灌溉用水的同时实现高产。我国从20世纪50年代起,开始开展节水农业技术研究及推广。党的十四届五中全会和十五届三中全会相继提出"大力普及节水灌溉技术"和"大力发展节水农业,把推广节水灌溉作为一项革命性措施来抓,大幅度提高水的利用率,努力扩大农田有效灌溉面积"。"九五"期间,科技部、水利部等部门共同实施了国家重点科技攻关项目"农业节水技术研究与示范",组织一批科研单位和高等院校,针对节水灌溉发展中的关键技术和设备进行了联合攻关。"九五"后期,科技部又启动实施了国家科技产业工程项目"农业高效用水科技产业示范工程",成立了国家节水灌溉工程技术研究中心。"十五"期间,科技部、水利部、农业农村部启动实施了国家重大科技专项(863计划)"现代节水农业技术体系及新产品研究与开发(2002AA2Z4)",构建了以提高作物水分利用效率(water use efficiency,WUE)、农田水利用率、渠系水利用率、水源的再生利用率和农业生产效益为核心的、符合中国国情的现代节水农业技术体系;创制了以高效低耗、绿色环保、环境友好为特点的节水农业关键产品与设备;将现代节水农业前沿技术、重大产品及关键设备与实用技术相结合,建立了适合不同区域特征的节水农业技术发展模式。"十一五"期间,科技部根据国家科技发展规划纲要设立"节水农业综合技术研究与示范"项目,加大国家、地方财政对节水灌溉的投入力度,加快节水灌溉发展速度,加强灌溉试验站建设,加强节水灌溉技术的试验、研究与示范,在总结已有成果和成熟节水灌溉经验的基础上,在粮食主产区、现代农业区和牧区进行节水灌溉技术示范规模化建设试点,努力提高节水灌溉技术集成度,在保障粮食连续增产的同时实现了农业灌溉用水总量的零增长。国家"十二五"规划中提出"推进农业节水增效,推广普及管道输水、膜下滴灌等高效节水灌溉技术,新增5 000万亩高效节水灌溉面积,支持旱作农业示范基地建设"。2011年的中央一号文件强调"坚持不懈地加强农田水利建设,大力推广高效节水灌溉新技术、新设备,发展水利科技推广、防汛抗旱、灌溉试验等方面的专业化服务组织"。节水农业的研究与应用符合中国农业发展的国情,是实现节水高效农业的必然选择。目前,我国节水农业技术虽具备一定的基础积累,取得了一些创新科技成果,但我国节水农业产业的整体水平处于国际20世纪90年代中期水平,仍存在诸多重要的技术瓶颈需要突破和研究。

节水农业技术不是一种单一的节水灌溉技术,而是由工程节水、农艺节水和管理节水组成的一种技术体系,利用水利工程、农艺措施及控制灌溉等方法,最大限度地减少水从水源通过输水、配水、灌水直至作物耗水过程中的损失,提高单位耗水量的作物产量和产值。其中非充分灌溉对作物产量影响的研究是当前节水农业发展的一种趋势。对于灌溉农业来说,利用非充分灌溉技术使更多面积的耕地得到灌溉,能显著提高土地的生产率。但非充分灌溉的实施需要一套指标体系来衡量什么程度的水分亏缺能产生较高的产量和水分利用效率。因此,确定不同作物不同生育时期对缺水的敏感程度和允许的水分亏缺程度,将有限水量优化分配到作物生长关键期,力求在水分利用效率(WUE)-产量-经济效益三方面达到有效统一,对灌溉农业具有重要的指导意义。

本书基于以上情况,立足于河南省的省情,结合国内外先进的理论基础,采用测坑试验的方法,研究水分亏缺对冬小麦、夏玉米和水稻生理生态指标、产量及耗水量的影响及最优灌水定额,提出适宜于河南省冬小麦、夏玉米和水稻的节水高效的灌溉标准,为河南省节水农业技术的发展及粮食增产提供技术支撑,对保障国家粮食安全具有重大的现实意义。

1.2 国内外研究现状及进展

1.2.1 非充分灌溉的概念及研究进展

非充分灌溉,也称为有限灌溉(limited irrigation)或亏缺灌溉(deficit irrigation),是作物实际蒸发蒸腾量小于潜在蒸发蒸腾量的灌溉,或是灌水量不能充分满足作物需水量的灌溉。其理论基础是作物自身具有一系列对水分亏缺的适应机制和有限缺水效应(the benefits of limited water deficits),在适度的水分亏缺情况下并不一定会显著降低产量,反而能使作物水分利用效率明显提高。这种有限缺水效应将引起同化物从营养器官向生殖器官分配的增加,即作物在遭遇水分胁迫时具有自我保护作用,而在水分胁迫解除后,作物对以前在胁迫条件下生长发育所造成的损失具有“补偿作用”。

非充分灌溉研究始于20世纪60年代末美国中部、南部大干旱平原，曾被称为“限水灌溉”。20世纪70年代，由于水资源短缺日益严重，传统丰产灌溉开始转向节水型劣态或亚劣态灌溉，限水灌溉也被推广到美国西部干旱、半干旱地区。1969~1977年，加利福尼亚中央河谷灌区对6种作物进行了充分灌溉与非充分灌溉的对比试验，证明非充分灌溉条件下作物的最高产量减产并不严重。1980~1982年，俄亥俄州立大学对冬小麦进行亏缺灌溉研究，试验证明灌水量保持在作物需水量的80%，也可以获得较高生产效益。20世纪80年代以后，国内外对非充分灌溉进行了大量的试验研究，证明适度的亏水不一定使作物的产量降低，并且作物在某些阶段受旱，有利于作物增产和水分利用效率的提高。Hamblin等研究指出，在水分亏缺条件下，小麦根系的生长相对快于地上部分生长，保持了较高的根冠比。Tiago等研究结果表明水分亏缺处理相对于其他灌溉处理，更有利于光合作用进行，并具有更好的微气候条件，更深的根系生长和更高的产量。Ali等在2002~2005年进行了小麦田间试验，研究了水分亏缺对产量、水分生产率和小麦净收益的影响，表明在充分灌溉条件下，小麦产量最大；而在一定程度的水分亏缺时其水分生产率和水分利用效率最高。Samson Bekele等在埃塞俄比亚塞科塔农业研究中心开展了调亏灌溉试验，分别对洋葱的四个生长阶段进行不同程度水分胁迫，研究结果表明所有的非充分灌溉处理均提高了水分利用效率。冯广龙等研究发现，适度水分亏缺可促使冬小麦体内干物质较多地分配于根系，增强根系发育，相对减弱叶冠生长，根冠比增大。张喜英等对小麦在苗期及后期控水，在中后期灌关键水，则可保证较高的产量与水分利用效率。王和洲等研究结果表明，冬小麦苗期和成熟期土壤水分下限可控制为田间持水量的55%~60%，其他生育阶段为田间持水量的65%~70%。陈晓远等对小麦进行前期干旱处理，开花期复水，小麦茎秆伸长，单叶和单株叶面积增大，干物质积累量增加，中度水分亏缺后充分供水，其生物量和产量都超过对照。夏国军等研究表明，冬小麦拔节期限量灌水，具有一定的增产作用。朱成立等研究表明，冬小麦拔节—抽穗期的水分胁迫指标为65%(占田间持水量)。

非充分灌溉不仅对干旱缺水的农业灌溉有重要的节水作用，而且对灌溉水量不太紧张的地区同样有实际意义。但是，我国非充分灌溉研究尚处于试验研究阶段和初步示范推广阶段，其主要目的还是基于干旱缺水地区而采取的一种非常措施，而不是把它作为一种正常的灌溉理论和行为来对待，国外早在20世纪80年代对非充分灌溉的理论与应用研究超出“非常措施”的含义。目前,国内对利用作物生理特性的主动调亏问题,对不同亏缺阶段、不同亏缺程度的作物生理生长特性、产量、水分利用效率等的影响,以及具体的亏缺指标研究还不够,特别是对大田作物的调亏灌溉研究才刚刚开始。

1.2.2 水分亏缺指标

准确判别和测定作物水分状况是指导农田灌溉的基础,为使作物不受水分亏缺影响而正常生长,应在作物开始缺水受旱之前及时灌溉。作物水分亏缺是由土壤、大气、作物等多种因素综合作用的结果,因此,作物水分亏缺状况可由作物本身的水分生理指标(比如叶水势、细胞液浓度、气孔开度等)直接反映,也可由作物根系层土壤水分状况、气象因素为指标来反映。目前,国内外研究较多的是作物形态指标、作物水分生理指标和土壤水分指标。

1.2.2.1 作物形态指标

作物的形态指标一般指作物的茎和叶,当作物缺水时,幼嫩的茎叶就会先凋萎,茎叶颜色转为暗绿或红,下部叶子叶尖枯死,不易折断,叶片呈卷曲状,植株的生长速度下降,作物株高较低。Seginer I 等研究认为番茄叶子的叶尖运动状况能反映番茄是否缺水。张明炷等、Ramanjulu 等研究结果表明:干旱条件下叶片生长受阻,叶面积与叶面积指数(leaf area index,LAI)随干旱程度加剧而减小。郭晓维等研究结果表示,灌水量越小,冬小麦的株高越小;干旱条件下,作物的叶面积较小,旗叶卷曲株数比例越大。张振平等研究结果表明,玉米叶片的宽窄度、卷曲指数与作物的抗旱性关系较为密切,可作为抗旱性鉴定的重要形态指标。Lilley 等研究认为水稻叶片卷曲度与土壤、植株含水量、水势和叶片表皮细胞的膨压的关系已有相关研究,作为鉴定水稻抗旱能力的指标在育种和栽培上已有应用,并且认为叶片卷曲由叶片细胞膨压降低所引起,是内部水势状况和渗透调节结果的外部形态表现,能直观地反映作物对土壤水分胁迫的敏感程度。王敏等研究结果表明,在干旱胁迫下,大豆的株高、分枝数、株荚数均有不同程度的降低,叶片黄化脱落节位有所增加。作物形态指标一般依靠监测者的经验进行判断,部分可以借助仪器观测,因此,需要监测者具有丰富的经验和细致的观察才能准确判别,并且一般作物的外观呈现明显缺水特征时,其内部生理活动往往已受到抑制。因此,以作物形态指标来判别作物水分亏缺状况难以及时指导灌溉和满足作物对水分的需要。

1.2.2.2 作物水分生理指标

许多研究结果证明,作物水分亏缺时,首先会灵敏地反映在水分生理指标上,利用合理的水分生理指标指导灌溉,能及时合理地保证作物生长发育对水分的需要。水分生理指标主要有叶水势、气孔开度和细胞液浓度等。

叶水势能够反映土壤水分状况,同时又与气孔调节、光合及蒸腾等生理指标之间有着密切的关系,是田间作物水分状况监测的主要指标。许多研究表明,干旱胁迫条件下植物叶片的叶水势降低,降低的幅度与胁迫的严重程度和历时有关。鲍一丹等的试验研究表明,叶水势的变化能较好地反映植株干旱程度的变化,总体趋势随干旱程度的增加而减小,是直接快速监测植物缺水程度的一种方法。胡继超等、Mastrorilli M 等研究表明,叶水势除了受土壤条件影响外,还随气象条件变化,凌晨叶水势受大气变化影响较小、较稳定,可以更好地反映作物水分亏缺。张英普等和 Rana G 等分别定性和定量研究了作物凌晨叶水势临界值与土水势、土壤含水量的关系。胡继超等用阻滞方程描述了凌晨叶水势和土壤含水量的关系,用模糊聚类方法确定了冬小麦不同生育阶段的凌晨叶水势临界值。虽然以叶水势作为植物供水状况的基本度量已得到公认,但叶水势受气象条件影响较大,同一植株不同部位叶片和同一叶片不同位置的叶水势差异性表现显著,又不能实现植物活体连续测量,难以普遍采用。也有学者认为叶水势对作物缺水并不十分敏感,建议将受短暂天气影响较小的茎水势,作为确定植物水分亏缺的敏感指标。

植物气孔是叶片水分散失的出口,也是光合作用 CO_2 的入口,气孔在不同的外部环境和内部因素的作用下,通过调节其开张程度来控制植物的光合作用和水分蒸腾速率。大量的研究结果表明,水分亏缺条件下,植物气孔最先作出反应,通过气孔调节限制水分的蒸腾,同时在光照等因素的调节下,保持一定的 CO_2 通量,实现维持植株水分和 CO_2 利用的平衡。气孔对于水分亏缺的响应是最为迅速的,短期内的胁迫反应是可逆的(即可以恢复的),表现为气孔开度或气孔导度的降低,气孔阻力的增加。黄占斌等研究表明,土壤水分亏缺会导致气孔导度的降低,降低幅度在12:00~16:00较大。于海秋等应用石蜡切片法对中度水分胁迫下的玉米叶片气孔特性进行测定,研究结果表明,水分胁迫会导致叶片气孔密度增大,气孔长度、宽度明显减小,并且气孔的显微结构发生了规律性变化,即气孔开度逐渐变小直至关闭。彭世彰等对晚稻气孔导度日变化规律进行研究,结果表明,正午时候,气孔导度有下降趋势,当土壤水分充足时,气孔导度中午下降不明显,当土壤水分较低时,中午的下降幅度较大,但灌水后出现一定的回升。高彦萍等研究结果表明,水分胁迫条件下,大豆叶片气孔密度增加,气孔开口大小和单位叶面积气孔相对面积减小。

我国学者对不同作物气孔导度的变化特征及其与光合速率、蒸腾速率的相互关系及不同水分胁迫程度对气孔特性的影响进行研究。但是有关气孔行为的生理机制仍未完全清楚,气孔导度模拟还处于半经验半机制状态,节水灌溉条件下气孔导度的模拟模型研究则更少。

叶片细胞液浓度的大小和植物生活过程有极其密切的联系,细胞的吸水力主要与细胞的渗透压和膨压有关系,而细胞渗透压的大小决定于细胞液的浓度。当细胞液的浓度大时,渗透压大,细胞的吸水力也就大;细胞液的浓度小时,渗透压小,细胞的吸水力也就小。陶益寿在1980~1984年,对农作物的细胞液浓度与土壤水分的相关性等进行了研究,结果表明冬小麦顶部第一片展开叶的细胞液浓度与土壤含水量呈负相关,土壤墒情较好时,冬小麦顶部第一片展开叶的细胞液浓度较低,土壤墒情较差,有水分亏缺现象时,冬小麦顶部第一片展开叶的细胞液浓度较高。王广兴等对用叶细胞液浓度指标指导冬小麦灌溉的效果与方法进行研究,结果表明按照细胞液浓度指标控制灌水的处理在株高、分蘖、次生根及产量结构方面均高于用土壤水分指标控制灌溉的处理。康绍忠等1989年对冬小麦各层叶片在不同供水条件下的细胞液浓度进行对比分析,得出上部叶片的细胞液浓度低于下部,缺水植株的细胞液浓度明显高于不缺水植株,并且细胞液浓度随着土壤水分的降低而增大。彭致功等对不同水分处理对番茄生理机制的影响研究表明,水分胁迫处理叶片细胞液浓度要比高水分处理要高,主要是因为土壤水分不能及时补充叶片蒸腾失水,导致细胞液浓度增高;复水后细胞液浓度都有所降低,但是相对于高水分处理还是较高。刘祖贵等研究了不同土壤水分处理对夏玉米生理特性的影响,结果表明不同处理下夏玉米的细胞液浓度日变化均呈“单峰”曲线,从早上7:00起逐渐升高,至14:00左右达到峰值,此后开始快速下降。并且不同时刻,细胞液浓度均随土壤水分的降低而升高。刘玉青等研究了烟草适度亏水效应与生理灌溉指标,结果表明烟草的细胞液浓度和水分亏缺存在明显的对应关系,可将烟草的细胞液浓度作为烟草的生理灌溉指标。郑健等对不同灌水条件下温室小型西瓜苗期生理指标进行研究,结果表示,土壤含水量与细胞液浓度呈较良好的二次曲线关系。用叶片细胞液浓度指标指导灌溉,其关键在于掌握好细胞液浓度的测定技术。在测定中影响因素很多,取样时间和部位不同,榨取汁液的方法不同,温度、湿度、日照对测试结果都有影响。并且同样受旱时细胞液浓度也随作物品种、生育期和土壤性状的不同而不同。

1.2.2.3　土壤水分指标

土壤水分是间接反映作物水分亏缺状况的主要指标,也是一种最古老的方式。土壤水分的大小与作物的生长有着密切的关系,当土壤含水率降低到一定范围时,作物生长将受到抑制。一般情况下,当土壤含水率接近作物的凋萎系数时,说明作物严重受旱;当土壤含水率界于凋萎系数与作物生长阻滞含水率之间时,作物将处于中度受旱或轻度受旱;当土壤含水率界于作物生长阻滞含水率与田间持水量时,作物才会正常生长。根据农田土壤水分状况确定灌溉时间和水量,主要控制指标为作物适宜土壤水分上、下限值。适宜土壤水分上限值,是指适宜于作物生长的最高水分限量。通常把土壤田间持水量作为适宜上限,并以此计算灌水定额。但张柏治等通过实测发现,以田间持水量作为适宜上限灌溉时,有10%~15%的灌溉水量渗入计划层以下20~30 cm深的土层内,变成了无效水量而浪费。认为以占田间持水量的85%~90%的土壤含水量作为适宜的土壤水分上限指标来计算灌水定额,既减少灌水定额,节约用水,又相对有利于水、气、土的优化组合,形成良性生态环境条件。李建明等研究结果表明,温室番茄开花坐果期灌溉上限80%~90%田间持水量间有利于番茄的生长,是较为理想的灌溉上限指标。贺忠群等研究结果表明,滴灌条件下,在秋延后温室黄瓜栽培中,结果期土壤水分上限以田间持水量的90%为好。王志伟研究结果表明,日光温室甜瓜最适宜的土壤水分上限为95%田间持水量,此时根系活力、根冠比、自由水/束缚水、净光合速率最高,既可提高水分利用率,又可达到高产优质的目的。马甜通过对盆栽条件下线辣椒花期试验结果的分析,得出当土壤水分上下限分别控制在田间持水量的83%和55%时,可获得最大产量28 g/株。适宜土壤水分下限值,是指适宜于作物生育的最低土壤水分限量,是决定灌水时间的依据。我国从20世纪60年代开始研究适宜土壤水分下限值,根据我国北方各地经验,作物对土壤水分降低的适应性有相当宽的伸缩幅度,适宜土壤水分下限值可以从占田间持水量的65%~70%降低到55%~60%,作物仍能正常生长,并获得相当理想的产量,而且使田间耗水量减少30%~40%,灌水次数和灌水定额减少一半或者更多。由于土壤、植物和大气是一个连续体,适宜土壤水分下限值随着土壤、作物及环境条件的不同有一定的差异。王宝英等的试验研究表明,在全苗、壮苗的基础上,夏玉米孕穗之前,纯属营养生长,土壤水分下限可控制在60%~65%田间持水量。灌浆期后,玉米颗粒基本定型,对土壤水分要求不高,下限保持在60%田间持水量。孕穗至灌浆期间,玉米生殖活动旺盛,必须保持较高的土壤水分条件,下限一般控制在70%田间持水量为好。蔡焕杰等的试验研究表明,在陕西省长武县的冬小麦土壤含水率可以降低到田间持水量的46%,而对作物产量没有影响;甘肃省民勤县的春小麦在分蘖—拔节阶段0~60 cm的土壤含水量可以降低到田间持水量的45%;新疆乌兰乌苏棉花蕾期中旱处理的土壤水分下限值为田间持水量的50%。张喜英等研究表明,作物对土壤水分有明显的阈值反应,不同作物阈值下限存在差异,高粱的这个指标是田间持水量的42%~45%,谷子是50%左右,冬小麦是60%左右。王友贞等研究表明,水稻旱作覆膜条件下,分蘖期、拔节孕穗期、抽穗开花期和乳熟期的适宜土壤水分下限分别为70%、85%、80%和70%。史宝成通过试验得出冬小麦土壤水分下限指标为:苗期和成熟期土壤水分下限为田间持水量的55%~60%,其他生育阶段为田间持水量的65%~70%。春玉米的土壤水分下限指标为:出苗到拔节期为田间持水量的60%左右,拔节至抽雄期为田间持水量的70%~80%,蜡熟到成熟期为田间持水量的60%左右。夏大豆土壤水分下限指标为:幼苗期为田间持水量的60%~65%,分枝和花芽分化期为田间持水量的65%~70%,结荚期为田间持水量的70%~80%。

植物的需水信息很多,判断水分亏缺的指标也很多,作物形态指标、作物水分生理指标和土壤水分指标都从本质上反映了作物缺水程度,具有明显的农学意义,但考虑农业生态环境的多维空间变异性,利用作物指标比土壤水分指标作为灌溉依据更可靠。近年来,与作物茎秆、叶片等植物器官有关的生理信息一直是作物需水信息指标的研究重点。但是众多诊断指标都由于其基本原理和操作可行性有其特定的适用性和局限性,目前作物指标的监测均需要精密的仪器及专业的人员来操作,在实际中应用推广还存在一定难度,土壤水分指标的监测相对容易些,再加上近些年我国在各个地方建立了不同规模的墒情监测站,能迅速及时获得大面积土壤水分和作物水分信息,有利于土壤水分指标的应用和推广。我国基于适度亏缺的灌溉指标的大田试验研究和应用研究才刚刚起步,虽针对作物水分胁迫和调控进行了较多研究,但由于农学、植物生理和农田水利各学科研究相互渗透和结合不够,测试条件和分析手段受到限制,试验成果缺乏系统性和综合性,不能适应节水高效农业发展的需求,并且通过作物水分胁迫指数来确定灌水时间与灌水量,如何去除作物水分胁迫指数中气象因子造成的波动性影响尚需进一步研究。

1.2.3 适宜灌水定额

灌水定额,其定义为农作物一次灌水单位面积的灌水量。它是灌溉管理的一项重要技术指标,也是制定灌溉制度、实行计划用水的重要依据。适宜的灌水定额,应以作物需水要求为主,并适当考虑实际灌水的可能性。一是有利于作物生长发育获得高产;二是不产生灌溉水的深层渗漏而浪费水量;三是至少应满足10~15 d作物的需水要求;四是为了节约用水,在雨养农业为主的地区,应为灌后降水留有一定的接纳余地。长期以来,人们过多地注意了地面灌溉的实际可能性而设计的灌水定额一般偏大,往往在实际用水中的灌水量更大,灌水定额增大,不仅对农业增产无益,而且浪费水量,增加成本,还违背了节水灌溉的形势要求。2000年水利部提出“总量控制、定额管理”的节水新思路。依据可用水资源总量和水资源分布,实行用水总量控制,引导需水方在水量有限的情况下改变用水方式,提高用水效率,灌溉定额是衡量灌溉用水科学性、合理性、先进性,且具有可比性的准则,是农业用水管理的微观指标。科学合理的灌溉用水定额是“总量控制、定额管理”的基础,是优化配置水资源的基础数据,是指导节水灌溉健康发展的科学依据,是今后水行政部门科学核定取水许可量,完善水资源合理分配的重要依据。2011年中央一号文件明确指出,实施最严格的水资源管理制度,确立“三条红线”,其中农田灌溉水有效利用系数是农业领域内的一条红线。农业灌溉用水定额的确定,对推行节约用水、水资源的优化配置和合理利用、提高水的利用效率、建设节水型社会等都具有十分重要的意义。早在20世纪80年代初,灌溉管理部门通过总结20世纪70年代的灌溉试验资料和群众丰产灌溉的调查资料,首次推出了全国三个灌溉地带(即常年灌溉地带、不稳定灌溉地带、南方水稻灌溉地带)主要作物需求型灌溉用水净定额,同时在北方地区建立灌溉试验站。20世纪90年代后,由于北方地区干旱,水资源供需矛盾突出,灌溉管理部门再次组织有关科研单位,在20世纪80年代灌溉试验成果的基础上,编制了中国主要作物需水量,并进一步研究了各类主要作物的常规灌溉制度和经济灌溉制度。20世纪90年代中后期,随着生态环境的恶化,灌溉供水已无法充分满足作物需水的要求,主要作物的节水型灌水定额的研究逐渐被推出。张学等的试验结果显示,在干旱年份,夏玉米采用35 m^3/亩的灌水定额,足以满足玉米的需水要求而达到高产。从效益上衡量,以35 m^3/亩的小定额灌水也是可取的。张新民等利用水分特征曲线累积确定适宜秦王川灌区的灌水定额为:在粉砂质黏壤土地区以 60~65 m^3/亩为宜,干容重较低的黏壤土地区以 45 m^3/亩较为合理,赖家窑黄土残梁以 55 m^3/亩为宜,西槽、下漫水滩等干容重较大的黏壤土地区,由于受土层厚度的限制,灌水定额不应超过 35 m^3/亩。赵惠君等对晋南地区的灌溉试验资料分析,研究拟定了该区冬小麦节水高产灌溉制度,即冬小麦生育期内浇返青、孕穗和灌浆三次关键水,灌水定额为 600 m^3/hm^2,灌溉定额为 1 800 m^3/hm^2。孙景生等采用动态规划技术优化得出夏玉米的最优灌水时间和灌水定额为:第一次灌水时间为 7 月 4 日,灌水定额为 766.08 m^3/hm^2;第二次灌水时间为 7 月 28 日,灌水定额为 600 m^3/hm^2;第三次灌水时间为 8 月 16 日,灌水定额为 600 m^3/hm^2。李曙东等研究结果表明,在其他种植要素完全相同的情况下,灌水定额为 90 mm 的地块小麦亩产量最高,这初步表明,传统的大水大肥的种植生产模式,并不完全符合冬小麦的生长规律。杨枚等的研究结果表明,灌水定额较大,造成深层渗漏损失加大,田间水利用系数较小,并提出减少灌水定额是提高灌溉水利用系数的一条有效途径。董宏林等的研究结果表明,从灌水定额与作物产量的关系得出,在当前实际灌水定额水平上,灌水定额大者,并不一定就比灌水定额小者增产,因此,在不影响作物产量的前提下,宜采用小定额灌溉。

影响灌水定额的因素很多,可归纳为供水质量、输水质量和用水质量 3 个方面。供水质量主要包括渠首引水流量的大小及稳定性,引水流量大、稳定性好,则灌水定额小。输水质量主要包括跑、洒、渗、漏、蒸 5 个方面:“跑”是指渠道决口跑水;“洒”是指渠水漫顶损失;“渗”是指渠道的输水渗漏损失,其主要影响因素为渠道的断面尺寸、边壁条件、冲淤状况、防渗与否、输水持续时间等,断面尺寸小、边壁平整光滑无杂草、渠道冲淤基本平衡、渠道输水时间长及采取了防渗措施,则灌水定额小;“漏”是指桥、涵、闸等渠道建筑物的漏水;“蒸”则为渠道的水面蒸发。用水质量主要包括灌溉前土壤含水率、土壤最大持水率(因土质而异)、作物类别、灌水次数、灌水技术(改水成数、单宽流量、灌溉方式)及田面工程状况(沟畦规格、地面坡度、平整程度)等。近些年,国家加强大型灌区续建配套与节水改造工作,2011 年中央一号文件和中央水利工作会议明确指出,到 2020 年基本完成大型灌区、重点中型灌区续建配套与节水改造任务。河南省也积极响应国家号召,不断加大大型灌区续建配套与节水改造投资力度,加快实施步伐,对全省 48 座大中型灌区进行续建配套和节水改造,共新增恢复灌溉面积 158 万亩,年新增节水能力 7.26 亿 m^3。因此,河南省的农业灌溉在改善供水质量和输水质量方面已经显有成效,通过改善供水质量和输水质量来降低灌水定额的节水潜力不大。提高用水质量已成为河南省节水潜力的发掘空间,是当前研究的重点和热点。根据作物自身的耗水特性及当地土壤的结构特性,结合准确的土壤含水率信息,制定科学合理的灌水定额,是河南省节水农业发展的需要,也是广大农民的需要。

1.3 研究内容及路线

1.3.1 研究内容

本书主要研究内容包括以下4个方面:

(1)不同水分亏缺条件灌水定额改变对作物株高、叶面积指数等的影响机制,为提出节水高效的灌溉方案提供理论基础和数据支撑。

(2)不同水分亏缺条件灌水定额改变对土壤水分动态规律的研究,在作物生长过程中是否存在深层土壤水分补给浅层土壤水分现象。

(3)不同水分亏缺条件灌水定额改变对作物耗水规律及产量变化研究,建立作物水分生产函数模型,明确产量与耗水量的关系,为"以水定产"提供依据。

(4)不同水分亏缺条件灌水定额改变对作物产量及水分生产率影响研究。"小水勤灌"与"大水少灌"究竟哪种灌水方式更有利于水资源高效利用、作物节水高产,目前尚无定论。本书通过试验,分析比较"小水勤灌"与"大水少灌"条件下作物生理生态及产量与水分生产率的变化情况,提出河南省主要粮食作物适宜的灌水定额。寻找作物不同水分亏缺程度下适宜的灌水定额,为节水高效灌溉的土壤水分控制指标提供理论依据。

1.3.2 研究路线

本书采用试验研究与理论分析相结合,以试验研究为主的技术路线,点面结合,以点上试验为基础,以面上推广为目的。并在充分借鉴、吸收国内外已有研究成果和经验的基础上,紧密结合生产实际,研究总结出一套适合河南省主要粮食作物的高效节水灌溉指标体系。

具体研究技术路线如图1-1所示:

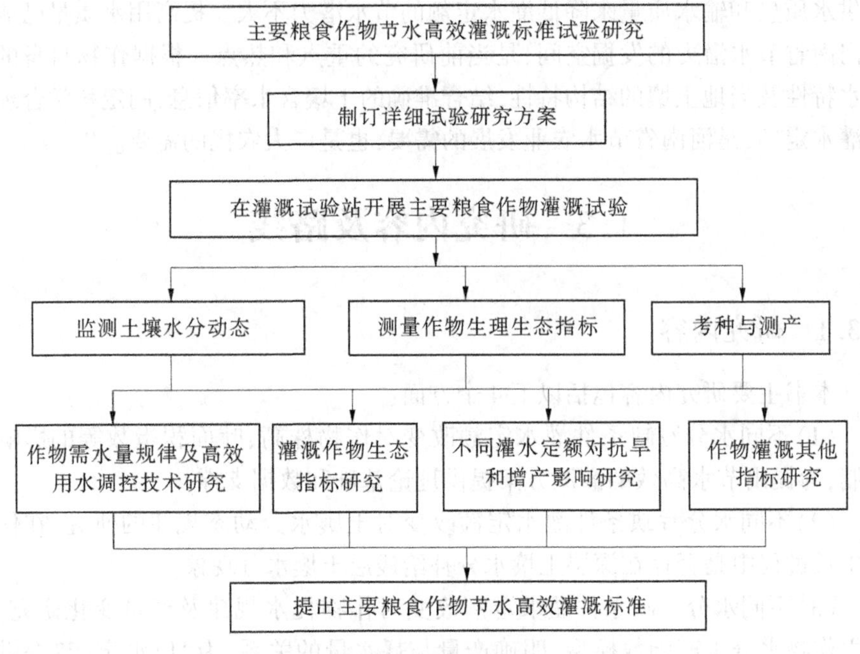
主要粮食作物节水高效灌溉标准试验研究
制订详细试验研究方案
在灌溉试验站开展主要粮食作物灌溉试验
监测土壤水分动态
测量作物生理生态指标
考种与测产
作物需水量规律及高效用水调控技术研究
灌溉作物生态指标研究
不同灌水定额对抗旱和增产影响研究
作物灌溉其他指标研究
提出主要粮食作物节水高效灌溉标准

图 1-1 技术路线图

第 2 章　试验材料与方法

2.1　试验区概况

冬小麦和夏玉米试验在河南省节水灌溉工程技术研究中心(河南省灌溉试验中心站)毛庄试验基地防雨棚下的测坑(2 m×3.3 m)中进行。试验基地位于 34°16′N,112°42′E,属北温带大陆性季风气候,海拔 85.0 m;多年平均气温 14.3 ℃,年平均降水量 640.9 mm,6~9 月降水量占全年降水量的 70%以上,无霜期 220 d,全年日照时间约 2 400 h。1 m 土层平均容重为 1.45 g/cm^3,田间持水量为 23%(重量含水率)。土壤为中壤土,播前耕层有机质含量为 5.62 g/kg,全磷为 0.44 g/kg,全钾为 15.12 g/kg,全氮为 0.37 g/kg,碱解氮为 24.91 mg/kg,速效磷为 23.89 mg/kg,速效钾为 75 mg/kg。

冬小麦试验分别于 2010 年 10 月至 2011 年 6 月和 2011 年 10 月至 2012 年 6 月进行,供试品种为“豫麦 49-198”,人工开沟撒播,播量为 10 kg/亩。第一季试验于 2010 年 10 月 22 日播种,2011 年 6 月 6 日收获,播前每坑施鸡粪 40 kg,复合肥 1 kg。第二季试验于 2011 年 10 月 21 日播种,2012 年 6 月 5 日收获,每坑施复合肥 1.5 kg(撒可富),有机肥 1.25 kg。

夏玉米试验分别于 2011 年 6~10 月和 2012 年 6~10 月进行,试验材料为“郑单 538”,采用开沟点种的方式,每坑开 4 沟,每沟种 10 穴,每穴播 2~3 粒。播前每坑沟施玉米专用复合肥(N:P:K=22:8:11)0.5 kg,尿素 0.3 kg,播后覆土并灌水 75 mm。第一季试验于 2011 年 6 月 9 日播种,6 月 15 日出苗,6 月 25 日定苗,每穴定苗 1 株,2011 年 9 月 27 日收获;第二季试验于 2012 年 6 月 12 日播种,6 月 17 日出苗,6 月 28 日定苗,每穴定苗 1 株,2012 年 9 月 29 日收获。

水稻试验在人民胜利渠东二灌区寺王节制闸东灌溉试验站内进行。试验站位于 35°13′N,113°49′E,地面高程 73.0 m。试验区内有自流灌溉渠道一条,农用机井一眼,可保证试验期间灌溉用水需求。为了保证水量的准确性,在渠道上安装有浑水流量计。井灌时机井出口和试验地进口均安装有水表,可自动计量水量。试验区土壤属轻壤土,计划湿润层 0~40 cm 土壤容重为

1.45~1.52 g/cm^3,田间持水量为25%,土壤饱和含水率为31.6%。2010年地下水平均埋深6.6 m。试验区内有自动气象站一处,可对气温、相对湿度、风速、雨量、净辐射量等项目进行自动监测。2011年、2012年两年试验,品种均为豫新-19,泡田插秧时间分别为6月17日、6月15日,收割日期分别为10月26日、10月15日。插秧密度为:行距30 cm,穴距13 cm,每穴插秧苗5株,基本苗数为85 512株/亩。插秧时,采用纵横拉距的办法,严格控制基本苗数。泡田插秧前,施复合肥100 kg,作为底肥;泡田时,撒尿素15 kg;晒田以后,施复合肥50 kg;此外,在灌浆期喷洒灌浆肥2次,每次50 g,共100 g。

2.2 试验设计

2.2.1 冬小麦试验方案

本试验属控制性试验,在带有遮雨棚并能控制地下水及土壤水侧渗影响的测坑内进行。本次试验分为冬小麦水分亏缺指标试验和冬小麦适宜灌水定额试验。将冬小麦的生育阶段划分为:播种—拔节、拔节—抽穗、抽穗—灌浆、灌浆—成熟4个阶段。

2.2.1.1 冬小麦水分亏缺指标试验

根据土壤水分亏缺程度及亏缺持续时间,选择土壤重量含水量占田间持水量的百分比作为冬小麦灌水控制下限指标,当土壤实际含水率低于灌水下限时即灌水至田间持水量。共设置适宜水分、苗期水分亏缺、拔节期水分亏缺、抽穗期水分亏缺、灌浆期水分亏缺、不同生育阶段连旱及全生育期水分亏缺试验,共设置18个处理,具体试验设置见表2-1。其中苗期、拔节期、抽穗期和灌浆期重旱处理及连旱试验仅在2011年10月至2012年6月开展。

2.2.1.2 冬小麦适宜灌水定额试验

试验分小定额勤灌和大定额少灌两种方案。小定额勤灌试验的灌水定额分别取60 mm和90 mm;大定额少灌的灌水定额分别取120 mm、150 mm和180 mm,拔节后开始处理,拔节期前各处理均按60 mm的灌水定额进行灌溉,当土壤含水量达到各个阶段的灌水下限时进行灌溉,抽穗—灌浆期灌水下限设为65%田间持水量,其他三个阶段的灌水下限设为60%田间持水量,具体试验设置详见表2-2。

表 2-1　冬小麦水分亏缺指标试验处理

处理	生育阶段			
	播种—拔节	拔节—抽穗	抽穗—灌浆	灌浆—成熟
T1 适宜水分	65%	65%	70%	65%
T2 苗期轻旱	55%	65%	70%	65%
T3 苗期中旱	45%	65%	70%	65%
T4 苗期重旱	35%	65%	70%	65%
T5 拔节期轻旱	65%	55%	70%	65%
T6 拔节期中旱	65%	45%	70%	65%
T7 拔节期重旱	65%	35%	70%	65%
T8 抽穗期轻旱	65%	65%	60%	65%
T9 抽穗期中旱	65%	65%	50%	65%
T10 抽穗期重旱	65%	65%	40%	65%
T11 灌浆期轻旱	65%	65%	70%	55%
T12 灌浆期中旱	65%	65%	70%	45%
T13 灌浆期重旱	65%	65%	70%	35%
T14 生育前期连旱	45%	45%	70%	65%
T15 生育中期连旱	65%	45%	50%	65%
T16 生育后期连旱	65%	65%	50%	45%
T17 全生育期中水分	50%	50%	60%	50%
T18 全生育期低水分	40%	40%	50%	40%

注:表中数值为土壤重量含水量占田间持水量的百分比,为灌水控制下限值。

冬小麦节水高效灌溉试验处理布置平面示意图见图 2-1。

2.2.2　夏玉米试验方案

夏玉米试验与冬小麦试验设置基本相似,生育期划分为播种—拔节、拔节—抽雄、抽雄—灌浆、灌浆—成熟 4 个阶段,试验也包括水分亏缺指标试验及适宜灌水定额试验两部分。

表 2-2 冬小麦适宜灌水定额试验处理

处理		灌水定额/mm	
		播种—拔节	拔节—成熟
小定额勤溉	T19 定额 60 mm	60	60
	T20 定额 90 mm	60	90
大定额少溉	T21 定额 120 mm	60	120
	T22 定额 150 mm	60	150
	T23 定额 180 mm	60	180

注:当土壤含水量达到各个阶段的灌水下限时进行灌水,抽穗—灌浆期灌水下限设为 65% 田间持水量,其他三个阶段的灌水下限设为 60% 田间持水量。

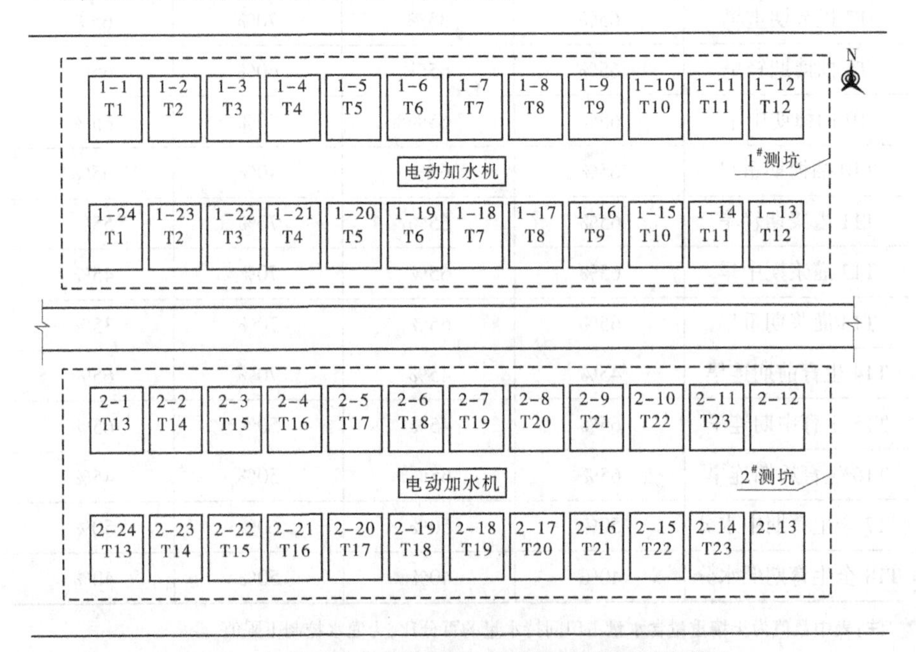

图 2-1 冬小麦节水高效灌溉试验处理布置平面示意图

2.2.2.1 夏玉米水分亏缺指标试验

夏玉米同样选择土壤重量含水量占田间持水量的百分比作为灌水控制下限指标,在不同生育期设置 3 个水平的土壤水分控制下限,同时设置生育前期连旱、生育中期连旱、生育后期连旱、全生育期中水分、全生育期低水分处理,以适宜水分处理为对照,共 18 个处理。当土壤含水量达到其灌水下限时即进行灌溉。本试验采用定量供水的方法,即当土壤水分达到下限时,灌水75 mm(对于需要进行干旱处理的测坑,在上一次灌水时,可根据受旱程度适当减少灌水量,这样才能造成不同的干旱程度处理,重旱的处理才有可能达到其受旱下限。比如,对于拔节—抽雄期轻旱、中旱、重旱的处理,如果适宜水分处理的灌水量为75 mm,那么轻旱、中旱、重旱的处理可分别灌75 mm、60 mm、45 mm,受旱处理复水以后,其灌水量可恢复到与适宜水分处理相同)。试验处理见表2-3。

表2-3 夏玉米水分亏缺指标试验处理

处理	生育阶段			
	播种—拔节	拔节—抽雄	抽雄—灌浆	灌浆—成熟
T1 适宜水分	70%	70%	75%	70%
T2 苗期轻旱	60%	70%	75%	70%
T3 苗期中旱	50%	70%	75%	70%
T4 苗期重旱	40%	70%	75%	70%
T5 拔节期轻旱	70%	60%	75%	70%
T6 拔节期中旱	70%	50%	75%	70%
T7 拔节期重旱	70%	40%	75%	70%
T8 抽雄期轻旱	70%	70%	65%	70%
T9 抽雄期中旱	70%	70%	55%	70%
T10 抽雄期重旱	70%	70%	45%	70%
T11 灌浆期轻旱	70%	70%	75%	60%
T12 灌浆期中旱	70%	70%	75%	50%
T13 灌浆期重旱	70%	70%	75%	40%
T14 生育前期连旱	50%	50%	75%	70%
T15 生育中期连旱	70%	50%	55%	70%
T16 生育后期连旱	70%	70%	55%	50%
T17 全生育期中水分	55%	55%	65%	55%
T18 全生育期低水分	45%	45%	55%	45%

注:表中数值为土壤重量含水量占田间持水量的百分比,为灌水控制下限值。

2.2.2.2 夏玉米适宜灌水定额试验

试验分为小定额勤灌和大定额少灌两种方案。小定额勤灌的灌水定额分别为45 mm、60 mm和75 mm,大定额少灌的灌水定额分别为90 mm、105 mm

和120 mm,当土壤含水量达到各个阶段的灌水下限时进行灌溉,抽雄—灌浆期灌水下限设为65%田间持水量,其他三个阶段的灌水下限设为60%田间持水量,具体试验处理详见表2-4。

表2-4 夏玉米适宜灌水定额试验处理

处理		灌水定额/mm	
		播种—拔节	拔节—成熟
小定额勤溉	T19 定额 45 mm	60	45
	T20 定额 60 mm	60	60
	T21 定额 75 mm	60	75
大定额少溉	T22 定额 90 mm	60	90
	T23 定额 105 mm	60	105
	T24 定额 120 mm	60	120

注:当土壤含水量达到灌水下限值时,进行定额灌溉。抽雄—灌浆期灌水下限设为65%田间持水量,其他三个阶段的灌水下限设为60%田间持水量。

夏玉米节水高效灌溉试验处理布置平面示意图见图2-2。

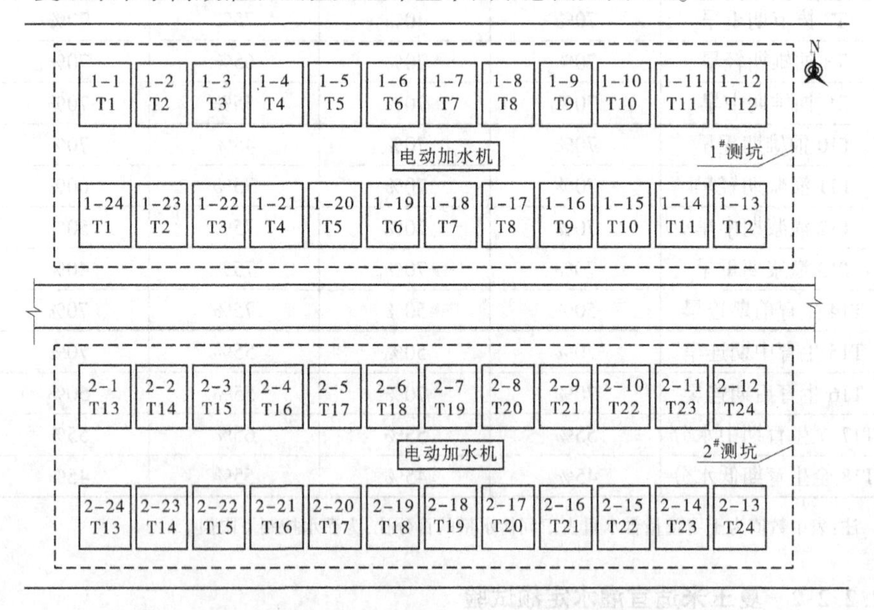

图2-2 夏玉米节水高效灌溉试验处理设计平面布置示意图

2.2.3　水稻试验方案

水稻节水高效灌溉标准试验是在稻苗本田移栽后进行,田间保持 1~5 cm 的薄水层,以利返青活苗。在返青或分蘖初期以后的各个生育阶段,灌水后田间不再保留水层,以根层(0~20 cm,20~40 cm)土壤水分作为控制指标,确定灌水时间和灌水定额。

本次试验,节水灌溉采用的上限控制指标为饱和含水量,下限指标设置 50%饱和含水量、60%饱和含水量和 70%饱和含水量三种控制灌溉,考虑到 80%饱和含水量已超过田间持水量,将其作为下限控制指标偏高,所以不再对其进行试验。水稻节水高效灌溉标准试验共设置四个处理。其中处理 T1 为对照处理,即常规灌溉,长期维持水层 1~5 cm。处理 T2 至处理 T4 分别为 70%控制灌溉、60%控制灌溉、50%控制灌溉。控制灌溉灌水指标以根层土壤 0~40 cm 范围内的含水占饱和含水量的一定百分比为准,上限为饱和含水量,下限分别为 70%、60%、50%饱和含水量。具体处理设计见表 2-5。

表 2-5　水稻不同试验处理

处理	返青期田间水层/cm	0~40 cm 土壤水分(占饱和含水率)					
		分蘖期		拔节期	抽穗期	乳熟期	黄熟收割期
		初期	中末期				
T1 常灌(CK)	1~5	100%	100%	100%	100%	100%	自然落干
T2(70%控灌)	1~5	100%	70%	70%	70%	70%	自然落干
T3(60%控灌)	1~5	100%	60%	60%	60%	60%	自然落干
T4(50%控灌)	1~5	100%	50%	50%	50%	50%	自然落干

注:常灌指常规灌溉,控灌指控制灌溉,全书同。

表 2-5 中,T1 为对照处理,即按群众的常规灌溉方法灌水,经常维持水层 1~5 cm。四个处理,除控制土壤水分不同外,其他如基本苗数、施肥、治虫等农业技术措施均相同。试验田块按试验处理顺序布置,每个处理重复 3 次。水稻节水高效灌溉试验处理设计平面布置示意图如图 2-3 所示。

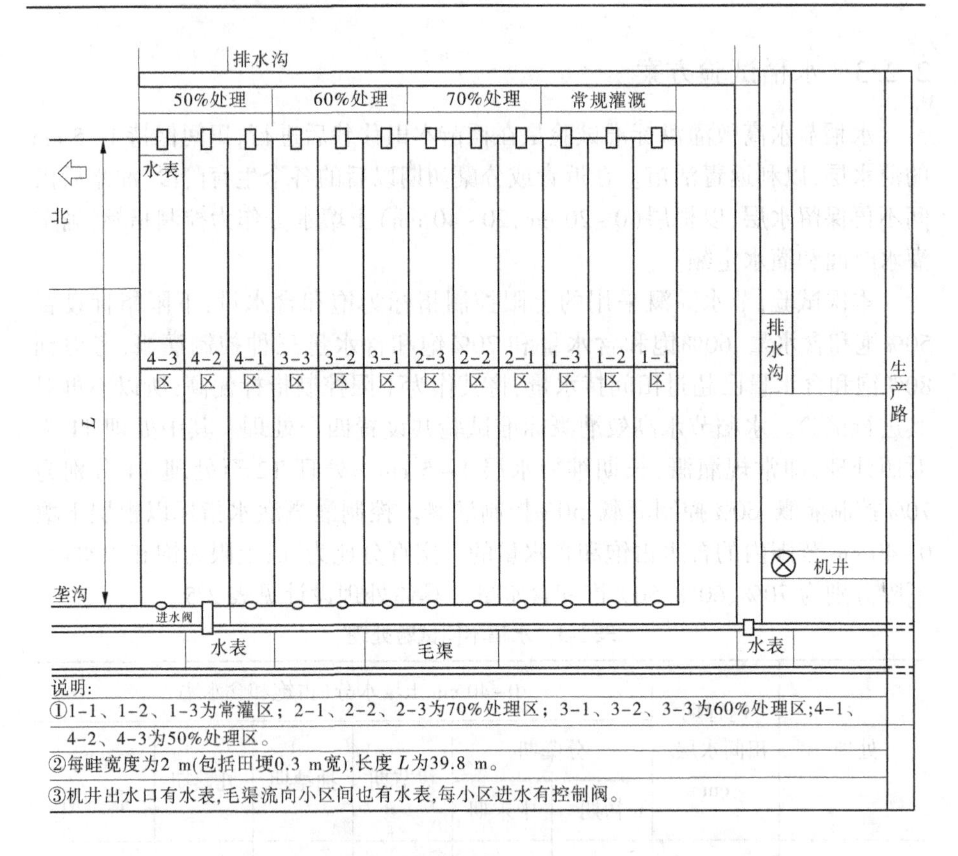

图 2-3 水稻节水高效灌溉试验处理设计平面布置示意图

2.3 试验设备和观测项目

2.3.1 冬小麦与夏玉米试验观测项目

2.3.1.1 生育期监测

通过对植株形态的定性描述,准确区分各生育期起始时间,并对冬小麦和夏玉米的生育动态进行调查,冬小麦主要调查基本苗数、分蘖数、有效分蘖数及穗数。冬小麦和夏玉米的生育期划分方法:

(1)播种期:即播种的日期。

(2)苗期:从播种至50%植株主茎的第一茎节高出地面1.5~2 cm的日期(冬小麦);从播种到有10%植株近地面的茎秆基部能摸到茎节的时期(夏玉

米)。

(3)拔节期:从50%植株主茎的第一茎节高出地面1.5~2 cm至50%植株的麦穗露出叶鞘1/2的日期(冬小麦);有10%植株近地面的茎秆基部能摸到茎节到10%植株雄穗尖端露出顶叶的时期(夏玉米)。

(4)抽雄期:有10%植株雄穗尖端露出顶叶到10%植株开始灌浆(籽粒内容物呈乳浆状)的时期(夏玉米)。

(5)灌浆期:从50%植株的麦穗露出叶鞘1/2至籽粒变硬,手捏不碎,已具有品种正常大小和色泽的日期(冬小麦);从10%植株开始灌浆到80%以上植株的果穗、苞叶变黄色、籽粒硬化的时期(夏玉米)。

(6)收获期:实际收获的日期。

2.3.1.2　土壤含水量测定

采用TRIME-IPH土壤水分测量系统和取土烘干法来测定土壤含水量。测量0~100 cm土层含水量,垂直方向每20 cm测一个点,每7~10 d测一次,灌前灌后均加测。

2.3.1.3　生理生态指标的测定

在不同生育阶段对作物的株高、叶面积、叶绿素及光合特性进行测定。

使用测量法确定株高和叶面积。拔节前随机选取长势均匀的3株冬小麦(或夏玉米)进行测定,拔节后进行挂牌测定,每个处理3次重复。冬小麦的株高为地面至最高叶尖(或穗顶)的高度,夏玉米抽雄前的株高为土面至最高叶尖的高度,抽雄后为土面至雄穗顶端的高度。每7~10 d测一次。单株叶面积由长宽系数法确定:

$$A = a \sum_{i=1}^{n} L_i W_i \tag{2-1}$$

式中　A——单株叶面积;

a——系数,取0.75~0.8,其中冬小麦取0.83,夏玉米取0.75;

L_i——第i片叶长,i为第i片叶;

W_i——第i片叶宽,i为第i片叶;

n——叶片数。

叶绿素采用CCM200叶绿素测量仪测定,它是通过在红光和蓝光两个波段激发光源时的光学吸收率,测量被测物的叶绿素相对含量。在抽穗前,取植株最上面全展叶测定,抽穗后测穗位叶即功能叶片,每个处理取3株,每株测5次,共15次重复。每7~10 d测一次。

光合特性采用LCPr0+植物光合仪测定,选择晴天上午的9:00~12:00进行测量,测定指标包括蒸腾速率、气孔导度、光合速率、叶温度、细胞间隙 CO_2 浓度等。每个生育阶段内选择晴天对光合作用的日变化情况进行监测,每 2 h 测定一次。

2.3.1.4 产量测定

采用人工收割、脱粒、测产。观测项目包括有效穗数、千粒重、平均穗长、穗粒数及产量。

2.3.1.5 气象及田间小气候观测

借助试验站内自动气象站,收集气温、相对湿度、风速、太阳辐射强度和降水量等气象参数采用。

2.3.1.6 数据分析

用 Excel 软件进行数据处理,使用 DPS 软件进行多重比较(Duncan 新复极差法)。

2.3.2 水稻试验观测项目

(1)测定试验区土壤物理性状:土壤类型、容重、田间持水量、饱和含水量等数据。

(2)生育阶段监测。

返青期:10%的植株开始返青,至 10%的植株开始分蘖为返青期;

分蘖初期:10%~50%的植株分蘖;

分蘖中期:50%~80%的植株分蘖;

分蘖末期:80%的植株分蘖至 10%的植株拔节;

拔节期:10%的植株开始拔节,至 10%的植株开始抽穗;

抽穗期:10%的植株开始抽穗,至 10%的植株开始乳熟;

乳熟期(或称灌浆期):10%的植株开始乳熟,直至 10%的植株开始黄熟;

黄熟收割期:10%的植株开始黄熟至收割。

按以上划分,在水稻返青后,每个小区选 10 个定位点,每隔 5 d 观测一次茎蘖数和植株高度,茎蘖的观测持续到分蘖末期,高度观测持续到抽穗结束。另在乳熟末期,对各处理的水稻茎秆粗进行测量。

(3)生理生态指标监测。主要监测株高、茎蘖数、茎秆粗及根系状况,在水稻返青后,各小区分别选 10 穴,约每 5 d 观测一次茎蘖数和植株高度,茎蘖数的观测持续到分蘖末期,株高的观测持续到抽穗结束;水稻茎秆粗的测量,在收割前进行。水稻收割后,每个处理取一穴,对每株平均根量、黑根数、根长进行观测。

(4)土壤水分观测,泡田插秧前测定小区土壤水分,开始实行控制灌溉以前,每个小区按常规灌溉进行处理,灌水最大深度 5 cm,田面水层落干到 1 cm 时,及时补水到计划深度。实行控制灌溉以后,70%、60%和 50%三个处理每隔 3 d 观测一次土壤水分,接近灌水下限时,每天取一次,达到时灌水。常灌处理中,除晒田以外,其余均按常规方法灌水(水层 1~5 cm)。另在水稻收割时,对各小区土壤水分进行观测,以便全生育期耗水量计算。本次水稻控制灌溉开始时间从水稻分蘖初期 7 月 12 日开始。

(5)水量观测:利用井灌时,在机井出口和小区入口均布设有水表量水,渠灌时,在渠道进口安装有浑水流量计,在小区入口安装有水表量水,另在每个小区末端及排水沟出口,也安装有水表,便于观测排出小区的水量。

(6)水稻考种观测:水稻收割前,在 10 月 24 日对各小区随机抽取 15 穴进行有效穗数观测,并对穗粒数和饱实率进行计算。同时对每个小区取 1 m^2 进行产量预测,并用万分之一天平对各小区千粒重进行测算。收割后,对各小区进行单收单打,晒干后称重测产,另外还对根数、烂根数、平均根长等进行了测量。

(7)病虫害防治:全生育期,根据水稻生长情况对病虫害加以防治。共打药 9 次,其中分蘖期 2 次,拔节期 1 次,后期由于降雨过多,从抽穗期—乳熟期—黄熟期每期各打药 2 次。

第3章　冬小麦试验结果及分析

3.1　冬小麦水分亏缺指标试验

3.1.1　不同水分亏缺处理对冬小麦株高变化的影响

表3-1和表3-2分别为2010~2011年和2011~2012年不同处理不同阶段冬小麦的株高。冬小麦在播种至拔节这段生育期内,先后经历分蘖、越冬、返青3个阶段,均以营养生长为主,株高生长较慢,在返青后,麦苗才由匍匐状转为直立状生长。进入拔节期,标志着冬小麦由以营养生长为主转向以生殖生长为主,小麦茎节伸长与幼穗分化同时进行,是一生中生长发育最旺盛的时期,经历时间短,株高生长速度快。进入抽穗期,冬小麦的茎节生长停止,麦穗渐渐从旗叶的叶鞘中伸出,体现在株高增长方面的速度相对拔节期较慢。抽穗结束后,冬小麦植株生长达到最大值,株高趋于稳定。

表3-1　2010~2011年不同处理不同阶段冬小麦的株高　　单位:cm

处理	4月8日	4月15日	4月21日	4月28日	5月5日	5月12日	5月19日	5月26日
适宜水分	56.9	66.6	74.1	79.5	80.0	80.0	80.0	80.0
苗期轻旱	56.0	66.8	73.4	77.5	80.5	80.9	80.9	80.9
苗期中旱	56.5	69.0	73.7	77.6	79.3	79.5	79.5	79.5
拔节期轻旱	58.4	65.9	70.7	76.5	78.6	78.6	78.6	78.6
拔节期中旱	59.2	68.1	73.0	78.5	78.9	78.9	78.9	78.9
抽穗期轻旱	57.7	66.2	72.0	78.3	79.2	79.2	79.2	79.2
抽穗期中旱	58.9	68.8	74.8	79.3	79.7	79.7	79.7	79.7
灌浆期轻旱	57.3	64.9	72.1	78.5	78.8	79.0	79.0	79.0
灌浆期中旱	58.7	68.3	75.7	78.8	79.4	79.4	79.4	79.4

续表 3-1

处理	4 月 8 日	4 月 15 日	4 月 21 日	4 月 28 日	5 月 5 日	5 月 12 日	5 月 19 日	5 月 26 日
全生育期中水分	60.5	69.1	74.2	80.0	80.0	80.0	80.0	80.0
全生育期低水分	54.9	66.6	72.4	76.3	76.6	76.6	76.6	76.6

表 3-2　2011~2012 年不同处理不同阶段冬小麦的株高　单位：cm

处理	3 月 20 日	4 月 1 日	4 月 11 日	4 月 23 日	5 月 2 日	5 月 25 日
适宜水分	24.2	43.4	61.7	68.4	70.0	70.5
苗期轻旱	21.5	42.9	61.5	70.4	70.5	71.8
苗期中旱	19.2	35.4	51.5	66.0	66.0	67.9
苗期重旱	16.2	35.3	46.9	63.1	63.4	64.2
拔节期轻旱	18.6	37.9	55.8	66.0	68.6	67.6
拔节期中旱	18.5	35.9	51.0	63.9	66.6	65.9
拔节期重旱	19.7	40.2	53.6	63.4	68.3	65.6
抽穗期轻旱	21.3	38.0	59.2	67.8	72.1	69.1
抽穗期中旱	20.9	40.8	56.4	67.1	71.3	69.6
抽穗期重旱	20.2	39.5	58.0	65.0	70.8	68.2
灌浆期轻旱	23.1	42.1	58.4	69.6	71.9	69.8
灌浆期中旱	22.1	42.8	59.0	68.9	71.4	68.4
灌浆期重旱	20.5	41.1	56.5	68.8	69.8	70.7
生育前期连旱	20.4	43.0	56.1	66.8	65.9	67.1
生育中期连旱	21.4	42.5	56.2	66.4	68.2	67.7
生育后期连旱	20.4	41.6	57.3	66.8	71.2	71.9
全生育期中水分	19.2	37.5	55.7	65.9	70.2	68.1
全生育期低水分	15.2	35.3	47.6	58.2	57.6	59.1

图 3-1 和图 3-2 分别为 2010~2011 年和 2011~2012 年不同处理不同阶段冬小麦的株高变化过程。

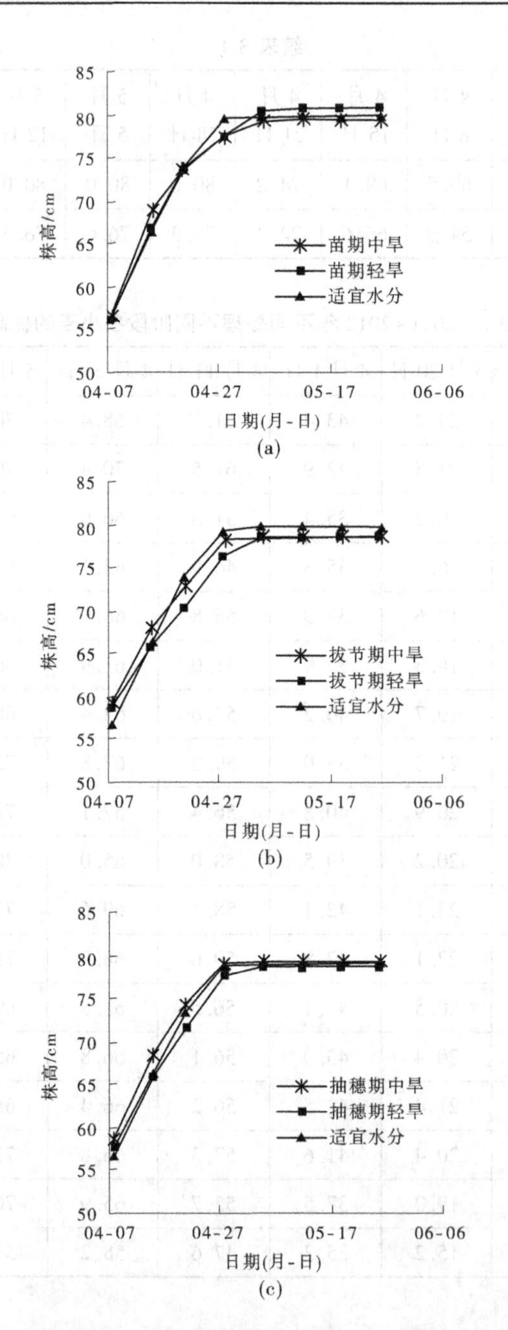

图 3-1　2010~2011 年不同处理不同阶段冬小麦的株高变化过程

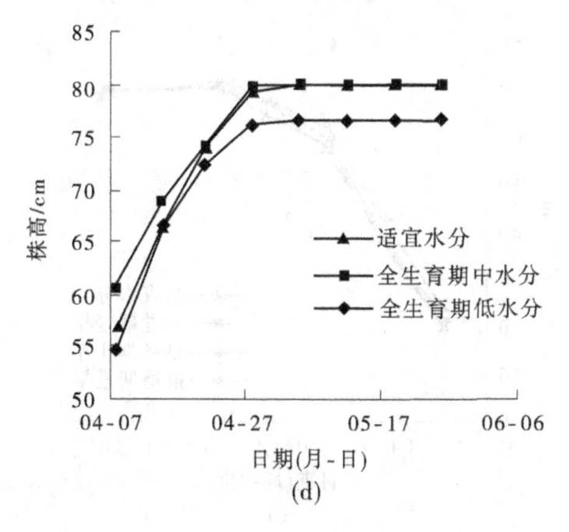

(d)

续图 3-1

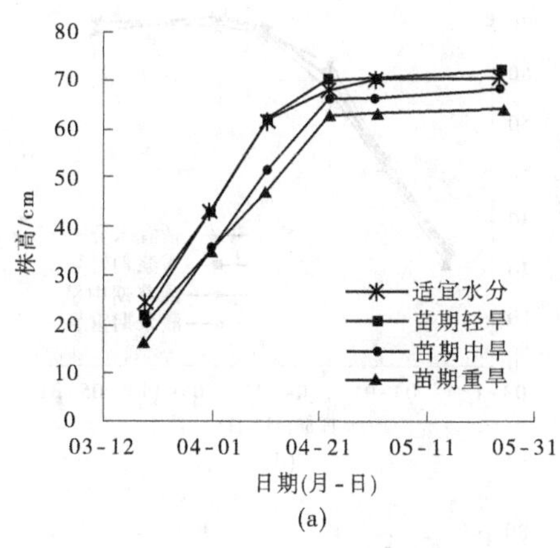

(a)

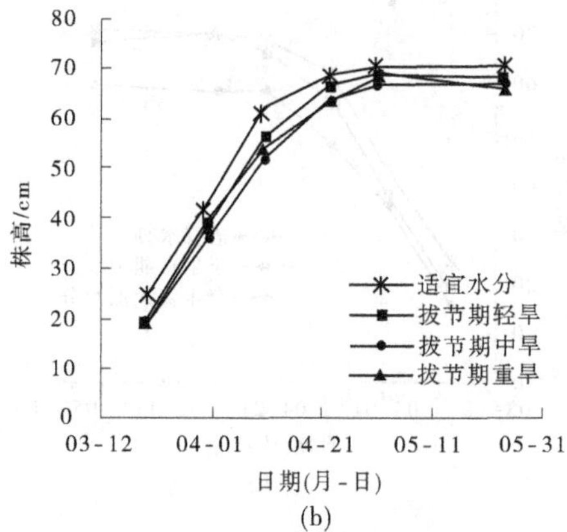

(b)

图 3-2　2011~2012 年不同处理不同阶段冬小麦的株高变化过程

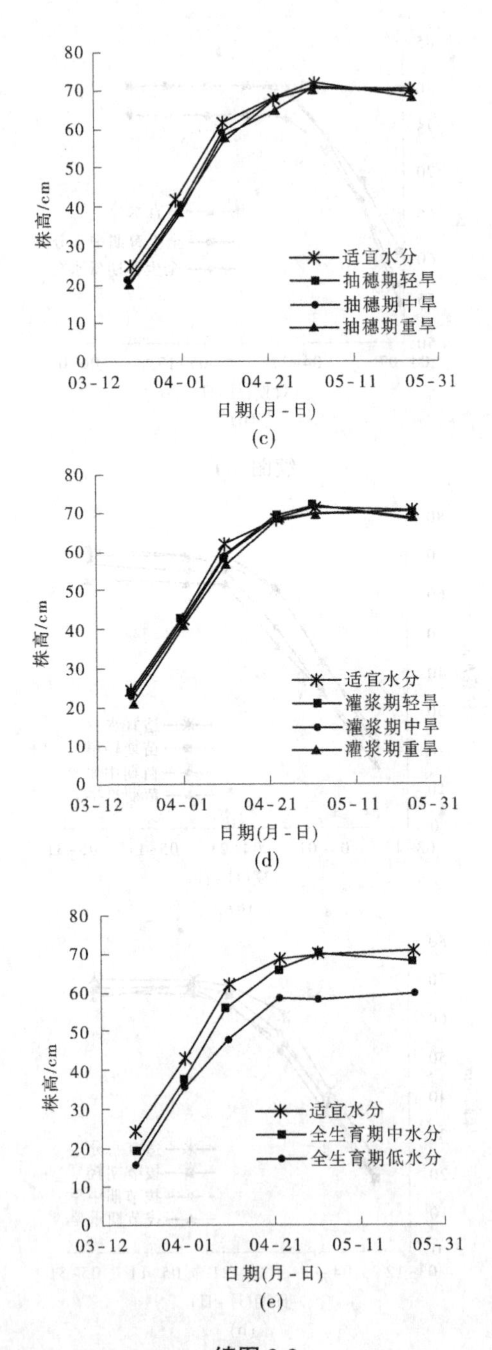
80
70
60
50
40
30
20
10
0
株高/cm
适宜水分
抽穗期轻旱
抽穗期中旱
抽穗期重旱
03-12
04-01
04-21
05-11
05-31
日期(月-日)
(c)
株高/cm
适宜水分
灌浆期轻旱
灌浆期中旱
灌浆期重旱
日期(月-日)
(d)
株高/cm
适宜水分
全生育期中水分
全生育期低水分
日期(月-日)
(e)

续图 3-2

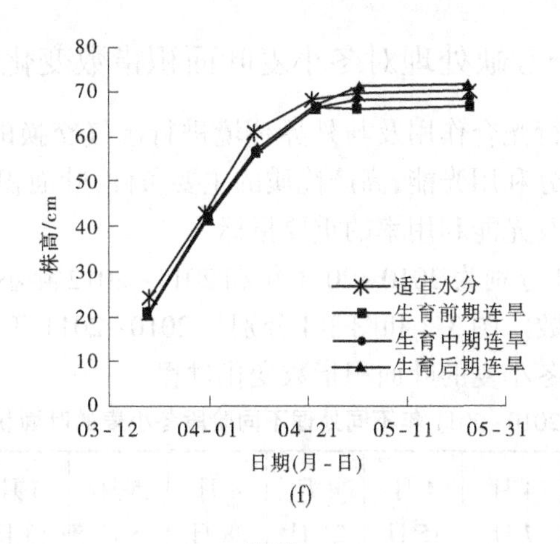

(f)

续图 3-2

从图中数据分析可以看出,不同处理的冬小麦株高增长趋势均呈现为:先缓慢生长,再迅速生长,然后逐渐停止生长,达到最大株高。

虽然不同处理冬小麦在整个生育期的生长趋势表现一致,但不同阶段的水分亏缺对株高的生长变化有不同的影响。以全生育期适宜水分处理的株高作为对照,从2010~2011年和2011~2012年两季的冬小麦株高对比情况来看,苗期轻度亏缺有利于株高生长,苗期轻旱处理的株高略大于适宜水分处理,体现出亏缺灌溉的补偿效应,苗期中旱和苗期重旱处理的株高均小于适宜水分处理[见图3-1(a)和图3-2(a)],说明在苗期可以采取中度或重度水分亏缺来降低冬小麦的株高生长。拔节期是冬小麦植株生长最快的阶段,不同程度的水分亏缺,对作物株高生长起抑制作用,拔节期轻旱、中旱和重旱处理的株高均小于适宜水分处理[见图3-1(b)和图3-2(b)]。抽穗期和灌浆期亏水,在整个生育阶段属于后期的亏水,对植株的生理生长影响不大,其株高与适宜水分处理的株高相差不大[见图3-1(c)、图3-2(c)和图3-2(d)]。从全生育期的中、低水分处理来看,水分越低对冬小麦植株的生长越不利,适宜水分处理的株高>中水分处理的株高>低水分处理的株高,也进一步说明水分亏缺对作物的株高生长有抑制作用[见图3-1(d)和图3-2(e)]。从不同阶段连旱处理来看,前期和中期连旱对株高的增长有一定负影响,前期连旱处理和中期连旱处理的株高均小于适宜水分处理,后期连旱对株高的增长影响不明显,与适宜水分处理的株高基本接近,见图3-2(f)。

3.1.2 不同水分亏缺处理对冬小麦叶面积指数变化的影响

叶片是植物进行光合作用及与外界环境进行水气交换的重要器官,合理的叶面积是作物充分利用光能,高产优质的主要条件,叶面积指数是衡量群落和种群的生长状况及光能利用率的重要指标。

表3-3和表3-4分别为2010~2011年和2011~2012年不同处理不同阶段冬小麦的叶面积指数。图3-3和图3-4分别是2010~2011年和2011~2012年不同处理不同阶段冬小麦的叶面积指数变化过程。

表3-3 2010~2011年不同处理不同阶段冬小麦的叶面积指数

处理	4月7日	4月15日	4月21日	4月28日	5月5日	5月13日	5月19日	5月26日
适宜水分	7.03	8.74	8.76	8.76	8.94	8.52	7.27	7.27
苗期轻旱	6.48	7.98	8.24	8.03	7.71	7.49	6.13	5.44
苗期中旱	5.51	6.72	6.57	6.19	6.37	6.40	5.17	4.37
拔节期轻旱	6.11	7.52	7.43	7.23	7.39	6.74	5.81	5.75
拔节期中旱	5.94	7.74	8.03	7.89	7.97	7.39	6.60	6.38
抽穗期轻旱	6.47	8.58	8.30	8.19	8.12	7.66	6.03	4.91
抽穗期中旱	6.26	8.12	8.12	7.82	7.59	6.31	4.96	3.37
灌浆期轻旱	6.28	9.27	8.86	8.90	8.62	8.02	7.27	5.20
灌浆期中旱	6.96	8.24	8.51	8.37	8.58	7.40	6.02	3.12
全生育期中水分	6.24	7.82	8.03	7.82	7.73	7.56	5.87	4.85
全生育期低水分	5.38	6.35	5.78	5.78	5.67	5.71	4.62	3.14

表3-4 2011~2012年不同处理不同阶段冬小麦的叶面积指数

处理	4月5日	4月20日	5月9日	5月20日
适宜水分	4.75	7.33	6.06	5.02
苗期轻旱	4.92	6.66	5.64	4.58
苗期中旱	3.33	4.78	4.05	3.37

续表 3-4

处理	4 月 5 日	4 月 20 日	5 月 9 日	5 月 20 日
苗期重旱	2.45	3.17	2.80	2.23
拔节期轻旱	4.41	6.54	5.64	4.50
拔节期中旱	4.67	6.00	5.23	4.47
拔节期重旱	3.67	5.21	4.65	4.04
抽穗期轻旱	4.20	6.45	5.82	4.65
抽穗期中旱	4.79	6.81	5.66	4.37
抽穗期重旱	4.37	7.23	5.15	3.79
灌浆期轻旱	5.46	7.08	5.88	5.06
灌浆期中旱	4.53	6.28	5.36	4.34
灌浆期重旱	4.72	6.80	5.50	4.72
生育前期连旱	3.85	5.61	5.16	4.68
生育中期连旱	4.88	6.46	5.47	4.68
生育后期连旱	4.34	7.05	5.64	4.47
全生育期中水分	3.89	6.01	5.86	5.19
全生育期低水分	2.95	3.88	3.58	3.06

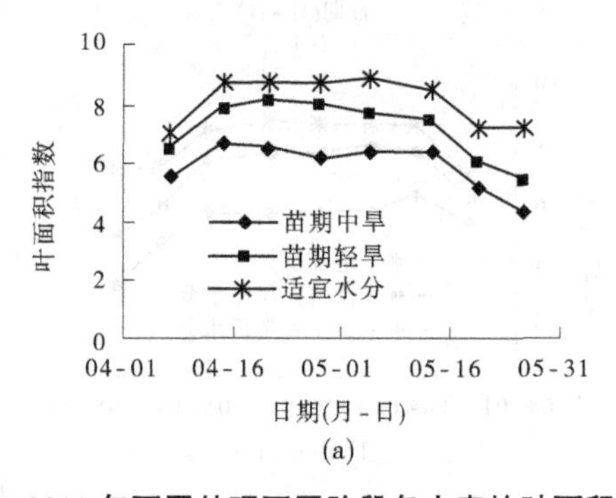

(a)

图 3-3 2010~2011 年不同处理不同阶段冬小麦的叶面积指数变化过程

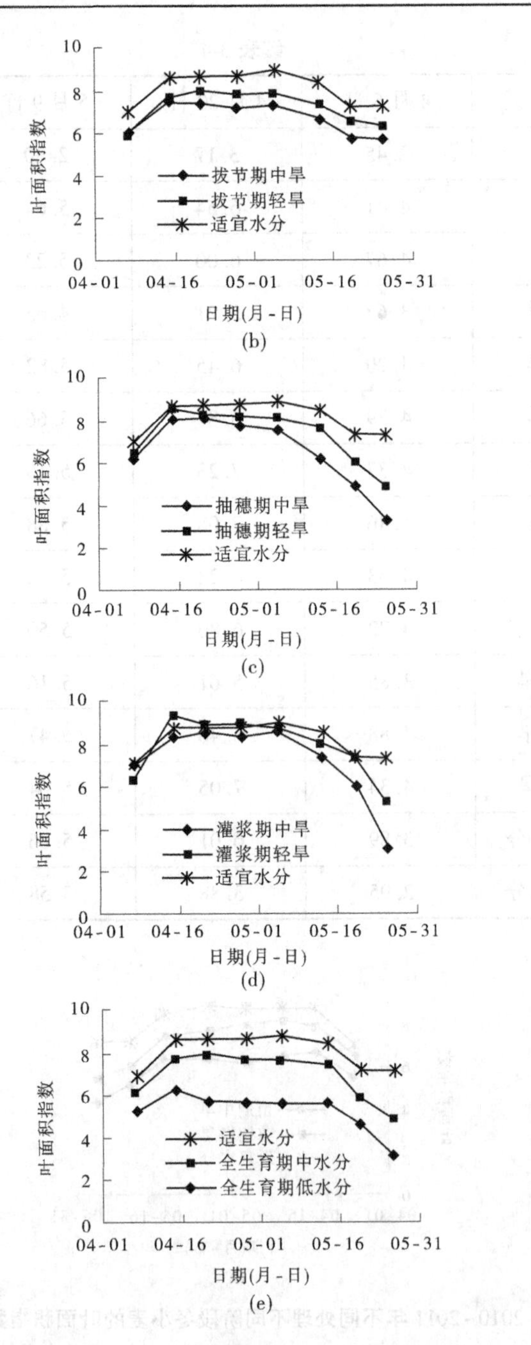

10
8
6
4
2
0
叶面积指数
拔节期中旱
拔节期轻旱
适宜水分
04-01
04-16
05-01
05-16
05-31
日期(月-日)
(b)
抽穗期中旱
抽穗期轻旱
适宜水分
(c)
灌浆期中旱
灌浆期轻旱
适宜水分
(d)
适宜水分
全生育期中水分
全生育期低水分
(e)

续图 3-3

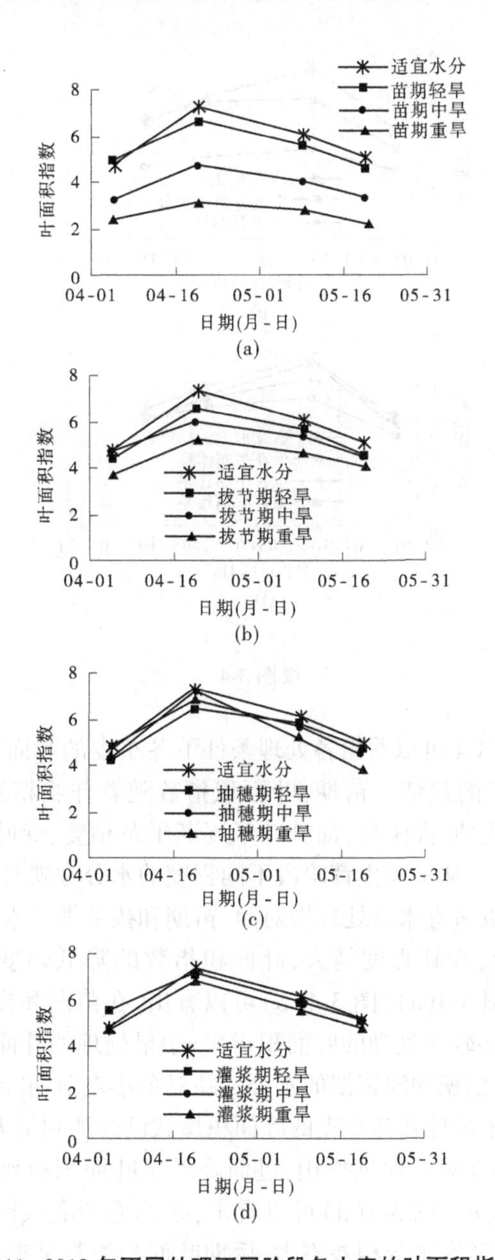

图 3-4　2011~2012 年不同处理不同阶段冬小麦的叶面积指数变化过程

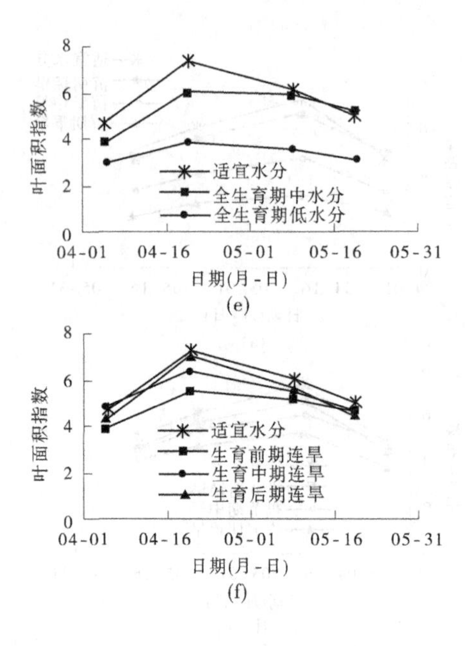

续图 3-4

由图 3-3 和图 3-4 可以看出各处理条件下冬小麦的叶面积指数变化均符合“先增大后减小”的趋势。苗期,叶面积指数随着作物植株的增大逐渐变大,抽穗期达到最大值,灌浆后,部分叶子逐渐干黄枯萎,绿叶面积减少,叶面积指数也逐渐下降。从不同生育阶段不同程度的水分亏缺对冬小麦叶面积指数变化影响来看,以适宜水分处理做对照,苗期和拔节期的水分亏缺均降低冬小麦的叶面积指数,亏缺程度越大,叶面积指数的降低幅度越大。由图 3-3(a)、图 3-3(b)和图 3-4(a)、图 3-4(b)可以看出,在苗期和拔节期,适宜水分处理的叶面积指数>轻旱处理的叶面积指数>中旱处理的叶面积指数>重旱处理的叶面积指数。抽穗和灌浆期的水分亏缺对冬小麦前期叶面积的增长影响不大,因为在拔节末抽穗初冬小麦的叶面积指数已经达到最大值,但对后期冬小麦的绿叶面积的衰减有促进作用,进而降低了叶面积指数。由图 3-3(c)、图 3-3(d)和图 3-4(c)、图 3-4(d)可以看出,在抽穗和灌浆期,各亏缺处理的前期叶面积指数与适宜水分相差不大,后期叶面积指数呈现出适宜水分处理>轻旱处理>中旱处理>重旱处理。从全生育期不同程度水分亏缺对冬小麦叶面积指数的影响来看,水分越充足,越有利于冬小麦的绿叶面积生长,叶面积指数越大。由图 3-3(e)和图 3-4(e)可以看出,适宜水分处理的叶面积指数>

中水分处理的叶面积指数>低水分处理的叶面积指数。由图 3-4(f)可以看出,生育期连旱处理对叶面积指数的影响表现为前期影响较大,中期次之,后期最小。再次证明生育前期的水分状况对冬小麦叶面积的增大影响较大,因此,可以采用控制生育前期的土壤水分状况来约束冬小麦叶面积指数的过度增长。

3.1.3　冬小麦耗水量及耗水规律研究

2010~2011 年和 2011~2012 年不同处理冬小麦的阶段耗水量及日耗水量见表 3-5 和表 3-6。图 3-5 为 2010~2011 年不同处理冬小麦阶段耗水量的变化,图 3-6 为 2011~2012 年不同处理冬小麦阶段耗水量的变化。图 3-7 为 2010~2011 年不同处理冬小麦日耗水量的变化,图 3-8 为 2011~2012 年不同处理冬小麦日耗水量的变化。

表 3-5　2010~2011 年不同处理冬小麦的阶段耗水量及日耗水量

处理	项目	生育阶段				全生育期
		播种—拔节	拔节—抽穗	抽穗—灌浆	灌浆—成熟	
适宜水分	阶段耗水量/mm	212.4	83.8	101.2	127.0	524.4
	日耗水量/(mm/d)	1.4	2.8	7.8	3.7	2.3
	耗水模系数/%	40.50	15.98	19.30	24.22	100
苗期轻旱	阶段耗水量/mm	178.6	87.6	104.7	129.1	500.0
	日耗水量/(mm/d)	1.2	2.9	8.1	3.8	2.2
	耗水模系数/%	35.72	17.53	20.93	25.82	100
苗期中旱	阶段耗水量/mm	104.4	98.6	92.3	121.9	417.3
	日耗水量/(mm/d)	0.7	3.3	7.1	3.6	1.8
	耗水模系数/%	25.02	23.64	22.13	29.21	100
拔节期轻旱	阶段耗水量/mm	165.7	61.4	97.4	122.6	447.0
	日耗水量/(mm/d)	1.1	2.0	7.5	3.6	2.0
	耗水模系数/%	37.08	13.73	21.78	27.42	100

续表 3-5

处理	项目	生育阶段				全生育期
		播种—拔节	拔节—抽穗	抽穗—灌浆	灌浆—成熟	
拔节期中旱	阶段耗水量/mm	154.9	48.0	108.6	125.4	436.8
	日耗水量/(mm/d)	1.0	1.6	8.4	3.7	1.9
	耗水模系数/%	35.46	10.98	24.87	28.70	100
抽穗期轻旱	阶段耗水量/mm	156.1	89.0	64.4	102.2	411.7
	日耗水量/(mm/d)	1.0	3.0	5.0	3.0	1.8
	耗水模系数/%	37.90	21.63	15.64	24.83	100
抽穗期中旱	阶段耗水量/mm	153.1	86.7	49.5	113.5	402.9
	日耗水量/(mm/d)	1.0	2.9	3.8	3.3	1.8
	耗水模系数/%	38.01	21.53	12.29	28.18	100
灌浆期轻旱	阶段耗水量/mm	162.8	93.4	82.3	90.6	429.1
	日耗水量/(mm/d)	1.1	3.1	6.3	2.7	1.9
	耗水模系数/%	37.94	21.77	19.18	21.11	100
灌浆期中旱	阶段耗水量/mm	179.3	84.9	87.6	56.1	408.0
	日耗水量/(mm/d)	1.2	2.8	6.7	1.7	1.8
	耗水模系数/%	43.95	20.82	21.48	13.75	100
全生育期中水分	阶段耗水量/mm	135.6	60.6	76.2	71.5	343.9
	日耗水量/(mm/d)	0.9	2.0	5.9	2.1	1.5
	耗水模系数/%	39.43	17.62	22.16	20.79	100
全生育期低水分	阶段耗水量/mm	109.4	44.6	68.3	51.7	274.0
	日耗水量/(mm/d)	0.7	1.5	5.3	1.5	1.2
	耗水模系数/%	39.92	16.28	24.93	18.87	100

表 3-6　2011～2012 年冬小麦不同处理的阶段耗水量及日耗水量

处理	项目	生育阶段				全生育期
		播种—拔节	拔节—抽穗	抽穗—灌浆	灌浆—成熟	
适宜水分	阶段耗水量/mm	211.9	80.9	83.7	144.0	520.5
	日耗水量/(mm/d)	1.4	2.7	6.4	4.2	2.3
	耗水模系数/%	40.71	15.53	16.09	27.66	100
苗期轻旱	阶段耗水量/mm	174.5	108.4	80.9	146.5	510.3
	日耗水量/(mm/d)	1.1	3.6	6.2	4.3	2.2
	耗水模系数/%	34.19	21.24	15.86	28.71	100
苗期中旱	阶段耗水量/mm	124.2	115.1	68.5	128.0	435.8
	日耗水量/(mm/d)	0.8	3.8	5.3	3.8	1.9
	耗水模系数/%	28.49	26.42	15.73	29.36	100
苗期重旱	阶段耗水量/mm	90.6	75.7	88.7	128.3	383.3
	日耗水量/(mm/d)	0.6	2.5	6.8	3.8	1.7
	耗水模系数/%	23.63	19.76	23.14	33.48	100
拔节期轻旱	阶段耗水量/mm	161.0	64.1	68.2	121.9	415.3
	日耗水量/(mm/d)	1.1	2.1	5.2	3.6	1.8
	耗水模系数/%	38.77	15.45	16.43	29.36	100
拔节期中旱	阶段耗水量/mm	151.7	47.3	71.2	137.7	407.9
	日耗水量/(mm/d)	1.0	1.6	5.5	4.1	1.8
	耗水模系数/%	37.20	11.59	17.45	33.76	100
拔节期重旱	阶段耗水量/mm	156.3	35.4	87.2	125.0	403.9
	日耗水量/(mm/d)	1.0	1.2	6.7	3.7	1.8
	耗水模系数/%	38.70	8.77	21.59	30.95	100

续表 3-6

处理	项目	生育阶段				全生育期
		播种—拔节	拔节—抽穗	抽穗—灌浆	灌浆—成熟	
抽穗期轻旱	阶段耗水量/mm	152.6	78.7	63.4	107.5	406.2
	日耗水量/(mm/d)	1.0	2.6	4.9	3.2	1.8
	耗水模系数/%	37.58	19.37	15.61	26.46	100
抽穗期中旱	阶段耗水量/mm	168.6	62.9	49.3	110.9	391.8
	日耗水量/(mm/d)	1.1	2.1	3.8	3.3	1.7
	耗水模系数/%	43.04	16.04	12.59	28.32	100
抽穗期重旱	阶段耗水量/mm	164.2	69.1	73.3	68.2	374.9
	日耗水量/(mm/d)	1.0	2.5	2.3	2.7	1.5
	耗水模系数/%	43.80	18.44	19.55	18.20	100
灌浆期轻旱	阶段耗水量/mm	176.0	73.7	76.7	95.7	422.0
	日耗水量/(mm/d)	1.2	2.5	5.9	2.8	1.8
	耗水模系数/%	41.70	17.46	18.17	22.67	100
灌浆期中旱	阶段耗水量/mm	166.1	68.9	67.4	79.7	382.2
	日耗水量/(mm/d)	1.1	2.3	5.2	2.3	1.7
	耗水模系数/%	43.46	18.03	17.64	20.86	100
灌浆期重旱	阶段耗水量/mm	164.2	69.1	73.3	68.2	374.9
	日耗水量/(mm/d)	1.1	2.3	5.6	2.0	1.6
	耗水模系数/%	43.80	18.44	19.55	18.20	100
生育前期连旱	阶段耗水量/mm	125.5	49.0	81.4	127.9	383.9
	日耗水量/(mm/d)	0.8	1.6	6.3	3.8	1.7
	耗水模系数/%	32.69	12.77	21.21	33.33	100

续表 3-6

处理	项目	生育阶段				全生育期
		播种—拔节	拔节—抽穗	抽穗—灌浆	灌浆—成熟	
生育中期连旱	阶段耗水量/mm	163.7	33.8	38.6	146.0	382.1
	日耗水量/(mm/d)	1.1	1.1	5.3	3.1	1.6
	耗水模系数/%	42.85	8.85	10.10	38.21	100
生育后期连旱	阶段耗水量/mm	165.1	79.5	44.2	89.2	378.1
	日耗水量/(mm/d)	1.1	2.7	3.4	2.6	1.7
	耗水模系数/%	43.67	21.03	11.70	23.60	100
全生育期中水分	阶段耗水量/mm	132.4	61.4	59.6	106.4	329.8
	日耗水量/(mm/d)	0.9	2.0	4.6	3.1	1.4
	耗水模系数/%	40.13	18.62	18.06	32.28	100
全生育期低水分	阶段耗水量/mm	100.1	41.0	42.7	81.5	265.3
	日耗水量/(mm/d)	0.7	1.4	3.3	2.4	1.2
	耗水模系数/%	37.71	15.46	16.10	30.73	100

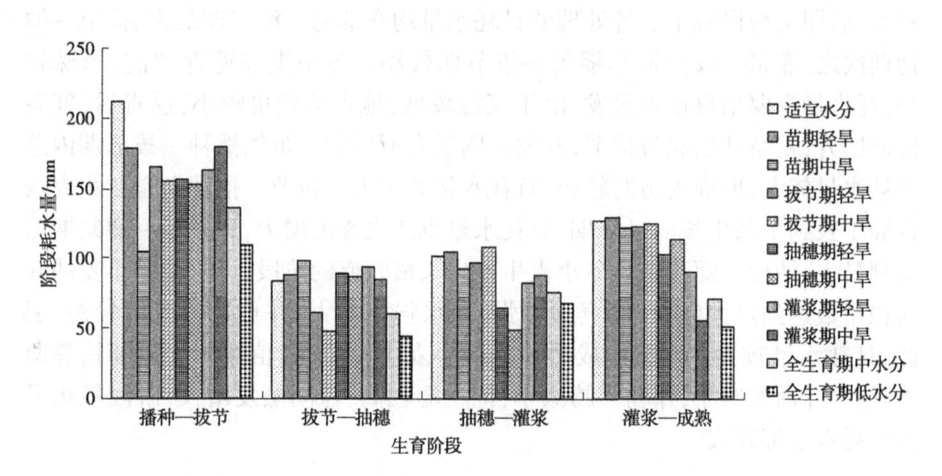

图 3-5　2010~2011 年不同处理冬小麦阶段耗水量的变化

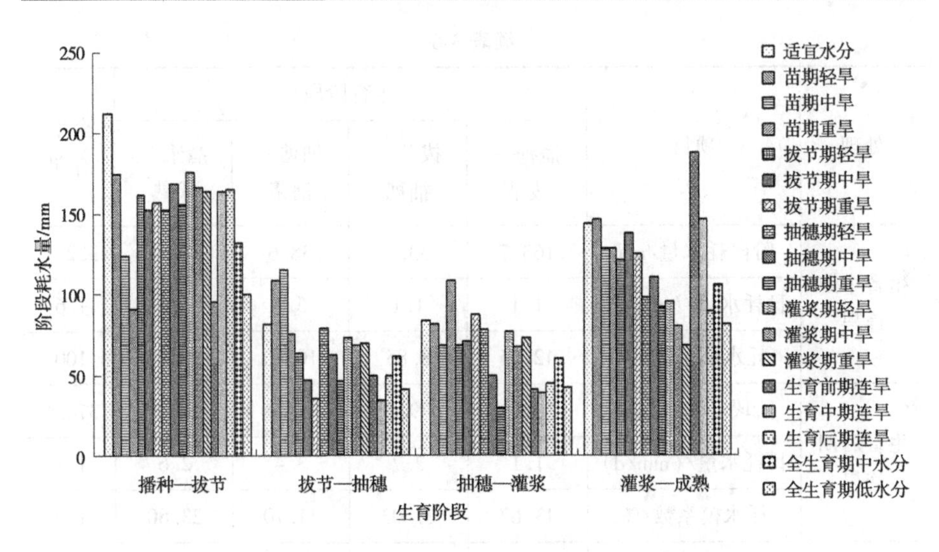

图 3-6　2011～2012 年不同处理冬小麦阶段耗水量的变化

由表 3-5 和表 3-6 中的阶段耗水量及耗水模系数的数据及图 3-5 和图 3-6 可以看出,在 2010～2011 年和 2011～2012 年的两季冬小麦试验中不同处理的阶段耗水量呈现一致的规律,即播种—拔节期的阶段耗水量最大,占全生育期总耗水量的 30%～40%,其次是灌浆—成熟期,占全生育期总耗水量的 20%～30%,拔节—抽穗期和抽穗—灌浆期的阶段总耗水量相接近,占全生育期总耗水量的 10%～20%。由表 3-5 及表 3-6 中各阶段日耗水量数据及图 3-7 和图 3-8 可以看出,冬小麦的日耗水量变化呈抛物线趋势,初期较小,中后期较大,后期又慢慢减小。各处理的日耗水量均在抽穗—灌浆期最大,拔节—抽穗期次之,灌浆—成熟期和播种—拔节期较小。冬小麦在返青期前,植株较小,耗水量主要来自地表蒸发,由于气温较低,地表蒸发也较小,返青后,气温慢慢回升,麦苗开始起身拔节,蒸发蒸腾量有所增加。虽然播种—拔节期内总的耗水量较大,但因为历时较长,日耗水量并不大。拔节—抽穗期是冬小麦从营养生长到生殖生长的过渡期,日耗水量也随之逐渐增大,到抽穗—灌浆期增大到最大,抽穗—灌浆期是冬小麦生殖生长最旺盛的阶段,该阶段冬小麦的叶面积指数达到最大值,叶面蒸腾加强,耗水强度增大,并且生育阶段较短,因此,日耗水量较大。灌浆—成熟期是冬小麦生育后期,植株叶片逐渐枯萎凋落,绿叶叶面积减小,作物蒸腾减小,但气温较高,棵间蒸发增大,阶段耗水量和日耗水量都较大。

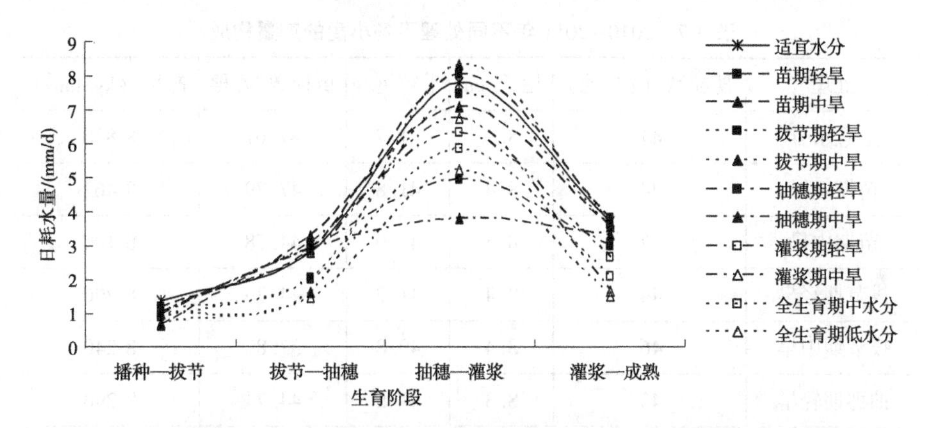

图 3-7 2010~2011 年不同处理冬小麦日耗水量的变化

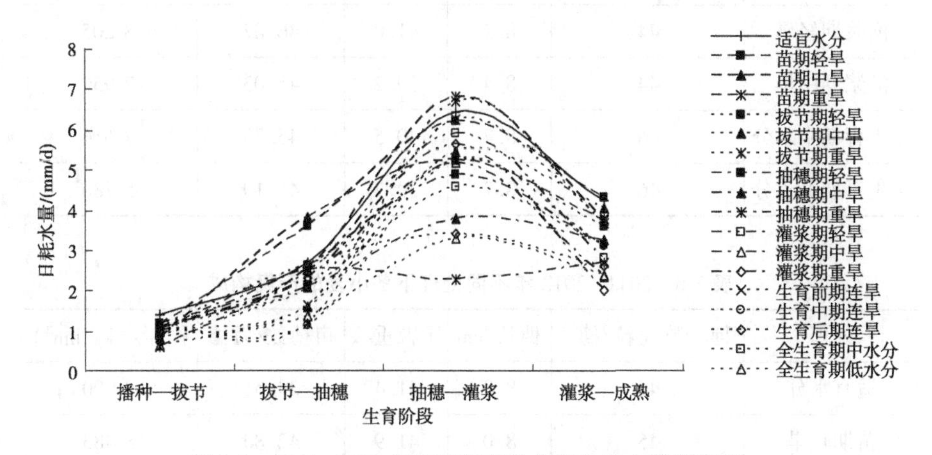

图 3-8 2011~2012 年不同处理冬小麦日耗水量的变化

对比相同生育阶段不同程度的水分亏缺处理,我们可以看出,作物该阶段的水分亏缺影响该阶段耗水量的大小,亏缺程度越大,耗水量就越小,例如抽穗期重旱处理,该处的日耗水量在抽穗—灌浆期有下降趋势,原因是在抽穗—灌浆期人为地控制其出现水分亏缺,抑制了冬小麦正常的生长发育,降低其叶面蒸腾强度,并且人为的控水,使得表层土壤含水量较低,减少了棵间蒸发。因此,该阶段耗水量和日耗水量均偏小。

3.1.4 不同水分亏缺处理下冬小麦产量及其构成因子研究

2010~2011 年和 2011~2012 年不同处理下冬小麦的产量构成分别见表 3-7 和表 3-8。

表 3-7　2010~2011 年不同处理下冬小麦的产量构成

处理	穗粒数/(粒/穗)	穗长/cm	千粒重/g	亩穗数/万穗	产量/(kg/hm^2)
适宜水分	47	8.9	41.7	47.61	8 830
苗期轻旱	44	8.4	41.8	47.79	8 462
苗期中旱	47	8.5	41.0	44.78	8 100
拔节期轻旱	44	8.4	41.2	44.36	8 290
拔节期中旱	46	8.4	40.8	37.82	8 240
抽穗期轻旱	43	8.3	41.5	44.74	8 290
抽穗期中旱	44	8.6	39.2	42.11	8 170
灌浆期轻旱	44	8.2	41.0	46.07	8 205
灌浆期中旱	44	8.4	39.2	45.03	7 950
全生育期中水分	46	8.7	40.5	45.33	7 616
全生育期低水分	46	8.7	39.7	41.10	5 786

表 3-8　2011~2012 年不同处理下冬小麦的产量构成

处理	穗粒数/(粒/穗)	穗长/cm	千粒重/g	亩穗数/万穗	产量/(kg/hm^2)
适宜水分	45	8.0	41.4	39.51	9 000
苗期轻旱	45	8.0	41.9	42.80	8 483
苗期中旱	50	8.2	42.9	39.42	8 260
苗期重旱	44	7.5	41.3	34.47	8 120
拔节期轻旱	46	7.7	41.3	38.57	8 167
拔节期中旱	46	7.7	40.5	39.15	7 883
拔节期重旱	45	7.6	39.2	41.67	7 670
抽穗期轻旱	51	8.0	39.8	39.69	8 204
抽穗期中旱	46	7.8	39.0	40.50	7 933
抽穗期重旱	48	8.1	38.0	39.69	7 587

续表 3-8

处理	穗粒数/(粒/穗)	穗长/cm	千粒重/g	亩穗数/万穗	产量/(kg/hm^2)
灌浆期轻旱	46	7.8	39.3	45.45	8 865
灌浆期中旱	45	7.8	38.3	37.35	8 068
灌浆期重旱	46	7.3	38.8	37.71	7 859
生育前期连旱	52	8.2	41.0	43.11	8 289
生育中期连旱	43	7.7	40.4	47.52	8 022
生育后期连旱	44	7.7	38.6	44.64	7 745
全生育期中水分	48	9.0	38.4	38.21	7 627
全生育期低水分	41	7.3	38.4	31.55	5 966

由表中产量的数据可以看出,各个生育阶段轻旱处理的产量>中旱处理的产量>重旱处理的产量,但均小于适宜水分处理的产量,说明冬小麦在各生育阶段受到水分亏缺均降低产量,并且重旱的影响较大,但苗期水分亏缺处理的产量相对其他阶段的产量较大,说明苗期水分亏缺对产量的影响较其他阶段小。生育连旱处理中,前期连旱处理的产量>中期连旱处理的产量>后期连旱处理的产量,但均小于适宜水分处理的产量,说明水分亏缺发生的生育阶段越靠后,产量降低得越多。全生育期低水分处理的产量<中水分处理的产量<适宜水分处理的产量,说明全生育期的水分要适宜才能获得高产。由表中千粒重的数据可以看出,各个生育阶段水分亏缺对冬小麦的千粒重影响不同,在苗期和拔节期,轻旱处理、中旱处理及重旱处理的千粒重差异不大;在抽穗期,轻旱处理的千粒重>中旱的处理的千粒重>重旱处理的千粒重,说明抽穗期的水分亏缺对千粒重影响较大。生育期连旱处理中,前期连旱处理的千粒重>中期连旱处理的千粒重>后期连旱处理的千粒重,均小于适宜水分处理的千粒重,说明中后期的水分亏缺降低冬小麦的千粒重。全生育期中水分处理和低水分处理的千粒重差异较小,但都小于适宜水分处理的千粒重,说明全生育期的中水分处理和低水分处理均降低冬小麦的千粒重。不同处理冬小麦的穗长差异不明显,亩穗数及每穗粒数之间有显著差异,但不成规律,需在以后的试验中继续发现和验证。

3.1.5　冬小麦耗水量与产量的关系研究

3.1.5.1　冬小麦产量与全生育期总耗水量关系

很多试验研究证明冬小麦的产量与耗水量呈二次抛物线关系，耗水量较小时，产量随着耗水量的增大而增大，当耗水量增大到一定程度时，产量会随着耗水量的增大而逐渐减小。图 3-9 和图 3-10 分别为 2010~2011 年和 2011~2012 年冬小麦试验处理的产量与耗水量关系图。

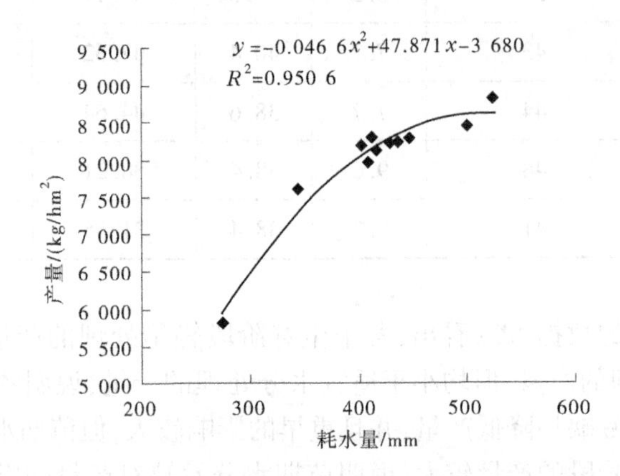

图 3-9　2010~2011 年冬小麦试验处理的产量与耗水量关系

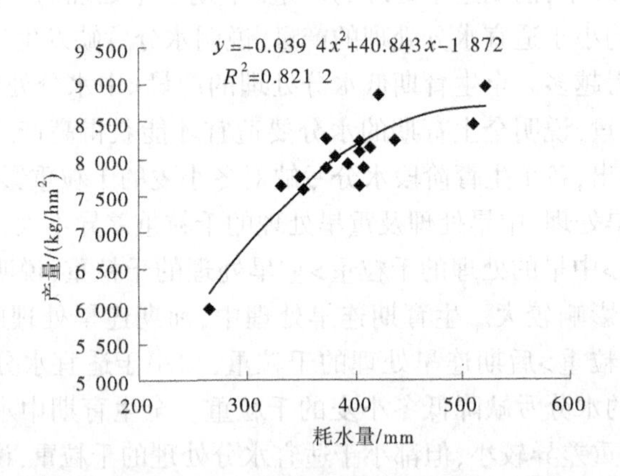

图 3-10　2011~2012 年冬小麦试验处理的产量与耗水量关系

从图 3-9 和图 3-10 中可以看出，两次试验冬小麦的产量与耗水量也呈二次抛物线关系，关系式如下：

$$2010\sim2011\text{年}: Y = -0.0466ET^2 + 47.871ET - 3680 \quad (3\text{-}1)$$

相关系数：$R^2=0.950\ 6$

2011~2012 年：$Y=-0.039\ 4ET^2+40.843ET-1\ 872$　(3-2)

相关系数：$R^2=0.821\ 2$

式中　Y——冬小麦产量，kg/hm^2；

ET——全生育期耗水量，mm。

由式(3-1)和式(3-2)可以计算出，当 2010~2011 年冬小麦的耗水量达到 514 mm 时，产量达到最大值 8 614 kg/hm^2；当 2011~2012 年冬小麦的耗水量达到 518 mm 时，产量达到最大值 8 712 kg/hm^2。此后再增大耗水量产量，不但不再增加，反而出现下降的趋势。

3.1.5.2　冬小麦水分利用效率

水分利用效率即水资源的平均生产能力，表示单位水资源生产的作物产量或生产 1 kg 作物的耗水量。水分利用效率可以分为单叶、群体和产量等三个不同的层次，本书研究产量水平的水分利用效率。作物水分利用效率的表达方式为：

$$WUE=Y/ET \tag{3-3}$$

式中　WUE——作物水分利用效率；

Y——产量；

ET——耗水量。

2010~2011 年和 2011~2012 年不同处理冬小麦的水分利用效率分别见表 3-9 和表 3-10。

表 3-9　2010~2011 年不同处理下冬小麦水分利用效率

处理	产量/(kg/hm^2)	耗水量/mm	水分利用效率/(kg/m^3)
适宜水分	8 830	524.4	1.72
苗期轻旱	8 462	500.0	1.69
苗期中旱	8 100	417.3	1.80
拔节期轻旱	8 290	447.0	1.83
拔节期中旱	8 240	436.8	1.79
抽穗期轻旱	8 290	411.7	1.97
抽穗期中旱	8 170	402.9	1.92
灌浆期轻旱	8 205	429.1	1.91

续表 3-9

处理	产量/(kg/hm²)	耗水量/mm	水分利用效率/(kg/m³)
灌浆期中旱	7 950	408.0	1.88
全生育期中水分	7 616	343.9	2.21
全生育期低水分	5 786	274.0	2.11

表 3-10　2011~2012 年不同处理下冬小麦水分利用效率

处理	产量/(kg/hm²)	耗水量/mm	水分利用效率/(kg/m³)
适宜水分	9 000	520.5	1.73
苗期轻旱	8 483	510.3	1.66
苗期中旱	8 260	435.8	1.90
苗期重旱	8 120	403.3	2.01
拔节期轻旱	8 167	415.3	1.97
拔节期中旱	7 883	407.9	1.91
拔节期重旱	7 670	403.9	1.92
抽穗期轻旱	8 204	406.2	2.02
抽穗期中旱	7 933	391.8	2.02
抽穗期重旱	7 587	352.5	2.15
灌浆期轻旱	8 865	422.0	2.10
灌浆期中旱	8 068	382.2	2.11
灌浆期重旱	7 859	374.9	2.10
生育前期连旱	8 289	373.9	2.22
生育中期连旱	8 022	382.1	2.10
生育后期连旱	7 745	348.1	2.22
全生育期中水分	7 627	329.8	2.31
全生育期低水分	5 966	265.3	2.25

由表 3-9 和表 3-10 中数据可以看出,各个阶段进行水分亏缺处理的水分利用效率均大于适宜水分处理,说明亏缺处理可以提高水分利用效率,生育前期、中期和后期连旱处理的水分利用效率很接近,均提高了水分利用效率,但提高的幅度差异不大。全生育期中水分处理和低水分处理的水分利用效率均大于适宜水分处理,但提高幅度差异不大。2010~2011 年各处理的水分利用效率数据对比可以看出,苗期中旱处理的水分利用效率大于轻旱处理,拔节期、抽穗期及灌浆期的轻旱处理水分利用效率大于中旱处理,中水分处理的水分利用效率大于低水分处理。2011~2012 年各处理的水分利用效率数据对比可以看出,苗期轻旱处理<苗期中旱处理<苗期重旱处理,拔节期中旱处理<拔节期重旱处理<拔节期轻旱处理,抽穗期轻旱处理=抽穗期中旱处理<抽穗期重旱处理,灌浆期轻旱处理=灌浆期重旱处理<灌浆期中旱处理,生育中期连旱处理<生育后期连旱处理=生育前期连旱处理,全生育期低水分处理<中水分处理。

由两次试验所得结论可以看出,水分亏缺对水分利用效率的影响规律有差异,但各对比处理间的水分利用效率的大小相差不大,因此,规律性尚不能下定论,有待在以后的试验中继续验证。

3.1.5.3　冬小麦产量与各生育阶段耗水量的关系

不同干旱程度对不同阶段作物产量的影响是不同的,产量与各阶段耗水量关系的数学模型不仅表明灌水量对产量的影响情况,同时也反映出不同灌水时间对产量的影响。本书采用国内应用最多的 Jensen 模型对冬小麦的产量与阶段耗水量关系进行分析。

$$\frac{Y_k}{Y_m} = \prod_{i=1}^{n} \left[\frac{\mathrm{ET}_i}{\mathrm{ET}_{mi}} \right]^{\lambda_i} \tag{3-4}$$

式中　Y_k——作物在各处理条件下的实际产量,kg/hm^2;

Y_m——作物在充分供水条件下的产量,kg/hm^2;

ET_{mi}——供水充足条件下的作物耗水量,mm;

ET_i——各处理条件下阶段耗水量,mm;

i——阶段序号;

n——全生育期的阶段数;

λ_i——水分敏感指数,反映第 i 阶段供水不足对产量的影响。

目前,求解水分敏感指数通常采用回归分析方法,对式(3-4)两边取自然对数,得:

$$\ln\left(\frac{Y_k}{Y_m}\right) = \sum_{i=1}^{n} \lambda_i \ln\left(\frac{ET_i}{ET_{mi}}\right) \quad (i = 1,2,\cdots,n) \tag{3-5}$$

再令 $\ln\left(\frac{Y_k}{Y_m}\right) = Z, \ln\left(\frac{ET_i}{ET_{mi}}\right) = X_i$，则有：

$$Z = \sum_{i=1}^{n} \lambda_i X_i \tag{3-6}$$

结合实测产量和耗水量资料，利用DPS数据处理软件进行麦夸特法计算，求得冬小麦不同生育阶段的水分敏感指数 λ_i，见表3-11。

表3-11 冬小麦不同生育阶段的水分敏感指数

水分敏感指数	年份	生育阶段			
		播种—拔节	拔节—抽穗	抽穗—灌浆	灌浆—成熟
λ_i	2010~2011年	0.136 5	0.146 0	0.152 1	0.036 9
	2011~2012年	0.113 1	0.111 3	0.150 7	0.051 4

由2010~2011年和2011~2012年冬小麦Jensen模型各阶段水分敏感指数可以看出：冬小麦抽穗—灌浆期水分敏感指数最大，其次是拔节—抽穗期和播种—拔节期，灌浆—成熟期最小，表明抽穗—灌浆期水分亏缺对冬小麦产量影响最大，应避免在此阶段出现水分亏缺现象。拔节—抽穗期和播种—拔节期的水分亏缺对产量有一定影响，可以允许出现轻微的水分亏缺现象。灌浆—成熟期的水分亏缺对冬小麦的产量影响的敏感程度较小，可以适当地进行水分亏缺控制，来降低冬小麦的无效耗水。

3.2 冬小麦适宜灌水定额试验

3.2.1 不同灌水定额对冬小麦株高变化的影响

表3-12和表3-13分别为2010~2011年和2011~2012年不同灌水定额下冬小麦的株高。

表 3-12　2010～2011 年不同灌水定额下冬小麦的株高　单位：cm

处理	4 月 8 日	4 月 15 日	4 月 21 日	4 月 28 日	5 月 5 日	5 月 26 日
定额 60 mm	55.3	66.0	67.3	74.9	75.1	75.3
定额 90 mm	59.3	65.9	73.1	78.4	78.8	79.0
定额 120 mm	58.2	66.9	72.6	78.0	78.1	78.1
定额 180 mm	60.5	67.1	72.7	76.8	77.4	77.4

表 3-13　2011～2012 年不同灌水定额下冬小麦的株高　单位：cm

处理	3 月 20 日	4 月 1 日	4 月 11 日	4 月 23 日	5 月 2 日	5 月 25 日
定额 60 mm	19.3	40.3	54.5	67.0	66.8	67.3
定额 90 mm	19.8	40.4	57.9	67.7	69.5	69.8
定额 120 mm	18.9	40.7	58.7	68.7	69.7	70.9
定额 150 mm	19.2	38.7	58.2	69.1	70.3	69.3
定额 180 mm	18.7	39.1	56.6	68.3	71.1	69.6

2010～2011 年和 2011～2012 年不同灌水定额下冬小麦的株高变化趋势见图 3-11 和图 3-12。

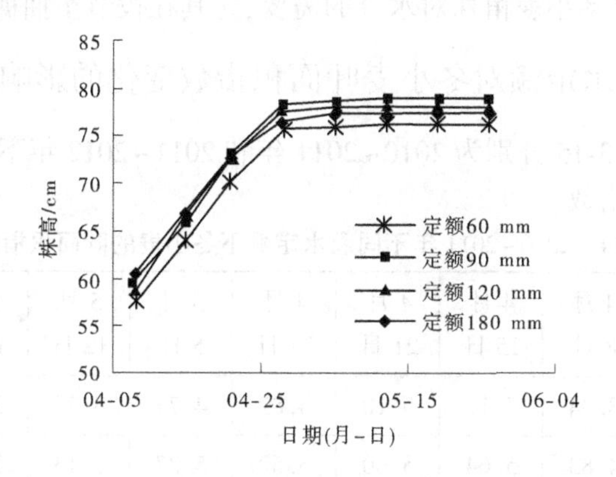

图 3-11　2010～2011 年不同灌水定额下冬小麦的株高变化

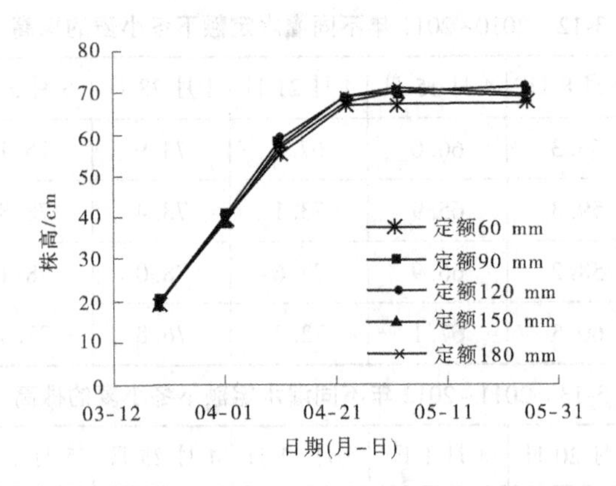

图 3-12　2011~2012 年不同灌水定额下冬小麦的株高变化

由图 3-11 和图 3-12 可以看出,两次试验中冬小麦在全生育期内的株高增长趋势一致,均表现随着生育期的推进,株高逐渐增大,抽穗结束后,株高增大到整个生育期内的最大值,之后不再增长。对比相同年份内各处理冬小麦的株高变化情况可以看出,两次试验也表现出相同的规律,即定额 60 mm 处理的株高整个生育期内都明显小于其他处理,其他几个处理的株高差异不大,原因是各个处理的灌水下限一致,表明各处理的冬小麦不会受到水分亏缺,因此各处理的株高差异不大,但灌水定额 60 mm 处理的株高略小,表明定额 60 mm 不能充分满足冬小麦植株对水分的需要,尤其在拔节至抽穗阶段。

3.2.2　不同灌水定额对冬小麦叶面积指数变化的影响

表 3-14 和表 3-15 分别为 2010~2011 年和 2011~2012 年不同灌水定额下冬小麦的叶面积指数。

表 3-14　2010~2011 年不同灌水定额下冬小麦的叶面积指数

处理	4月8日	4月15日	4月21日	4月28日	5月5日	5月12日	5月19日	5月26日
定额 60 mm	3.94	5.12	5.10	4.82	4.74	4.72	3.11	1.24
定额 90 mm	4.83	5.64	5.60	5.52	5.27	5.13	3.56	1.82
定额 120 mm	4.28	5.74	5.40	5.26	5.59	5.27	3.75	1.96
定额 180 mm	5.29	6.03	5.88	5.74	5.74	5.20	4.48	2.31

表 3-15　2011~2012 年不同灌水定额下冬小麦的叶面积指数

处理	4 月 5 日	4 月 20 日	5 月 9 日	5 月 20 日
定额 60 mm	3.73	5.46	4.80	3.62
定额 90 mm	4.96	6.42	5.55	4.81
定额 120 mm	4.80	6.08	5.14	4.41
定额 150 mm	4.12	6.01	4.95	4.12
定额 180 mm	5.07	6.75	5.89	5.17

2010~2011 年和 2011~2012 年不同灌水定额下冬小麦的叶面积指数变化见图 3-13 和图 3-14。

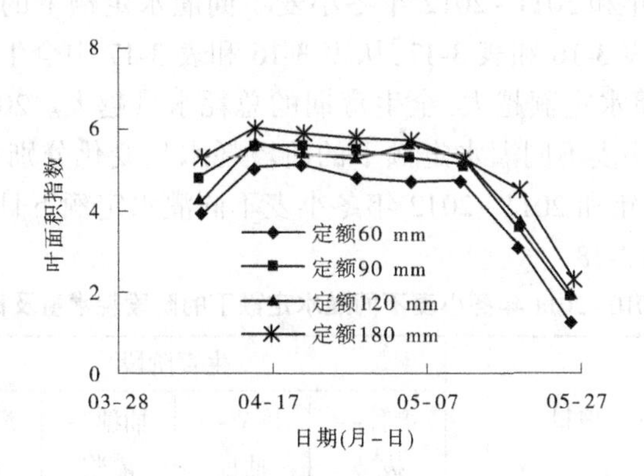

图 3-13　2010~2011 年不同灌水定额下冬小麦叶面积指数变化

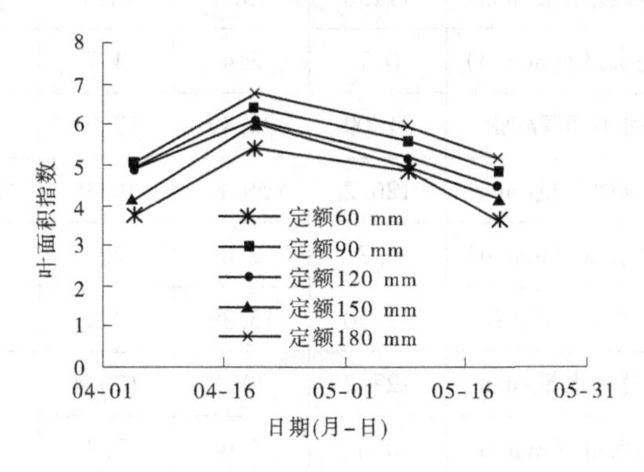

图 3-14　2011~2012 年不同灌水定额下冬小麦叶面积指数变化

由图3-13和图3-14可以看出，两次试验中冬小麦在全生育期内的叶面积指数增长趋势一致，均表现随着生育期的推进，叶面积指数逐渐增大，抽穗后，叶面积增大到整个生育期内的最大值，之后叶面积指数缓慢下降。对比相同年份内各处理冬小麦的叶面积指数变化情况可以看出，两次试验也表现出相同的规律，即灌水定额60 mm处理的叶面积指数整个生育期内都明显小于其他处理，其他几个处理的叶面积指数差异不大，原因是各个处理的灌水下限一致，表明各处理下的冬小麦不会受到水分亏缺，因此各处理下的叶面积指数差异不大，但灌水定额60 mm处理的叶面积指数略小，表明定额60 mm不能充分满足作物绿叶生长对水分的需求。

3.2.3　不同灌水定额对冬小麦耗水规律的影响

2010~2011年和2011~2012年冬小麦不同灌水定额下的阶段耗水量及日耗水量分别见表3-16和表3-17，从表3-16和表3-17中全生育期耗水量的数据可以看出，灌水定额越大，全生育期的总耗水量越大。2010~2011年和2011~2012年冬小麦不同灌水定额下的阶段耗水量变化分别见图3-15和图3-16；2010~2011年和2011~2012年冬小麦不同灌水定额下日耗水量变化分别见图3-17和图3-18。

表3-16　2010~2011年冬小麦不同灌水定额下的阶段耗水量及日耗水量

处理	项目	生育阶段				全生育期
		播种—拔节	拔节—抽穗	抽穗—灌浆	灌浆—成熟	
定额60 mm	阶段耗水量/mm	111.6	73.3	61.1	113.0	358.9
	日耗水量/(mm/d)	0.7	2.4	4.7	3.3	1.6
	耗水模系数/%	31.09	20.42	17.01	31.47	100
定额90 mm	阶段耗水量/mm	126.2	59.8	94.9	107.5	388.3
	日耗水量/(mm/d)	0.8	2.0	7.3	3.2	1.7
	耗水模系数/%	32.50	15.39	24.44	27.67	100
定额120 mm	阶段耗水量/mm	127.2	79.1	100.4	88.4	395.0
	日耗水量/(mm/d)	0.8	2.6	7.7	2.6	1.7
	耗水模系数/%	32.19	20.03	25.42	22.37	100

续表 3-16

处理	项目	生育阶段				全生育期
		播种—拔节	拔节—抽穗	抽穗—灌浆	灌浆—成熟	
定额 180 mm	阶段耗水量/mm	132.7	82.3	106.5	121.2	442.7
	日耗水量/(mm/d)	0.9	2.7	8.2	3.6	1.9
	耗水模系数/%	29.98	18.59	24.06	27.38	100

表 3-17　2011 年~2012 年冬小麦不同灌水定额下的阶段耗水量及日耗水量

处理	项目	生育阶段				全生育期
		播种—拔节	拔节—抽穗	抽穗—灌浆	灌浆—成熟	
定额 60 mm	阶段耗水量/mm	113.4	65.7	61.2	109.3	349.7
	日耗水量/(mm/d)	0.7	2.2	4.7	3.2	1.5
	耗水模系数/%	32.42	18.80	17.51	31.26	100
定额 90 mm	阶段耗水量/mm	111.3	72.6	83.0	116.4	383.2
	日耗水量/(mm/d)	0.7	2.4	6.4	3.4	1.7
	耗水模系数/%	29.04	18.94	21.65	30.36	100
定额 120 mm	阶段耗水量/mm	117.4	91.1	88.9	109.9	407.3
	日耗水量/(mm/d)	0.8	3.0	6.8	3.2	1.8
	耗水模系数/%	28.82	22.36	21.83	26.99	100
定额 150 mm	阶段耗水量/mm	116.5	100.0	88.9	112.5	418.0
	日耗水量/(mm/d)	0.8	3.3	6.8	3.3	1.8
	耗水模系数/%	27.87	23.94	21.28	26.91	100
定额 180 mm	阶段耗水量/mm	111.6	105.0	85.7	130.7	433.0
	日耗水量/(mm/d)	0.7	3.5	6.6	3.8	1.9
	耗水模系数/%	25.77	24.26	19.79	30.18	100

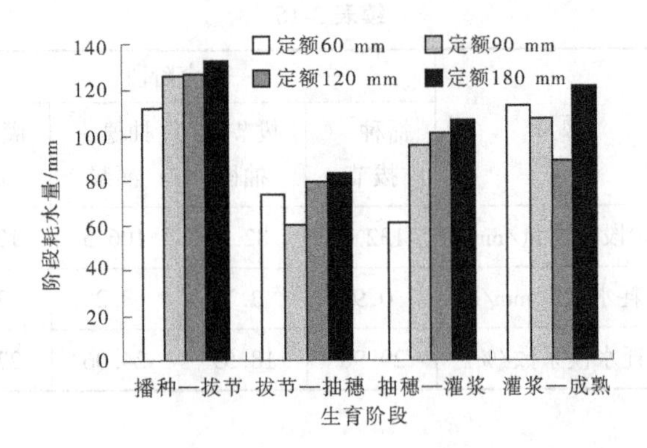

图 3-15　2010~2011 年冬小麦不同灌水定额下阶段耗水量的变化

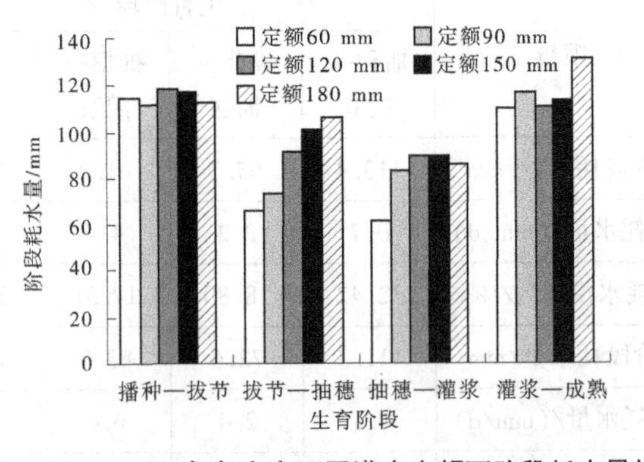

图 3-16　2011~2012 年冬小麦不同灌水定额下阶段耗水量的变化

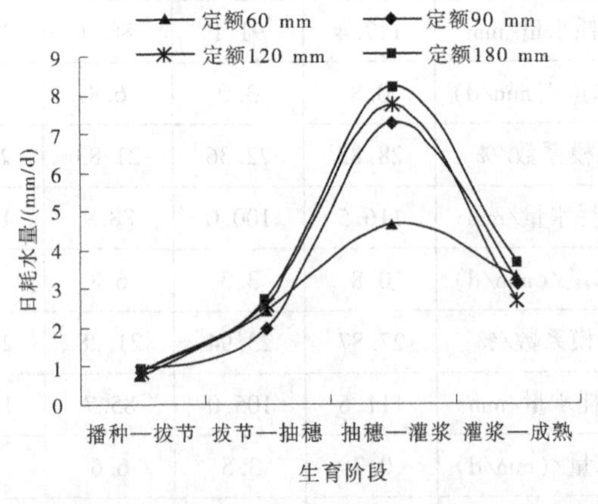

图 3-17　2010~2011 年冬小麦不同灌水定额下日耗水量的变化

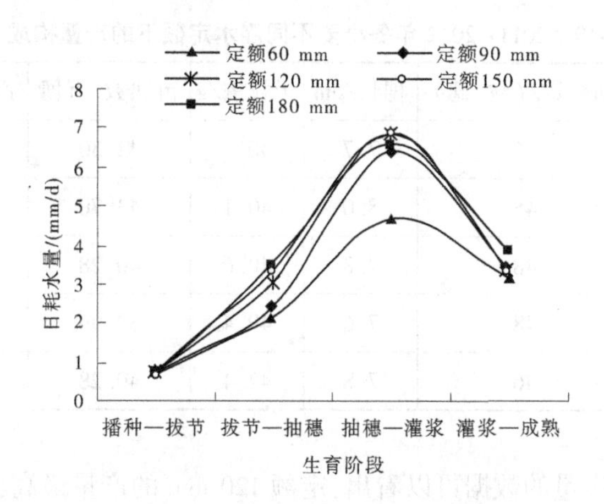

图 3-18 2011~2012 年冬小麦不同灌水定额下日耗水量的变化

由表 3-16 和表 3-17 中阶段耗水量的数据及图 3-15 和图 3-16 可以看出,播种—拔节期和灌浆—成熟期的阶段耗水量较大,拔节—抽穗期和抽穗—灌浆期的阶段耗水量较小。由表 3-16 和表 3-17 中日耗水量的数据及图 3-17 和图 3-18 可以看出,冬小麦抽穗—灌浆期的日耗水量最大,拔节—抽穗期日耗水量较大,灌浆—成熟期和播种—拔节期的日耗水量较小,该结论与上述水分亏缺试验分析的规律一致。但定额 60 mm 抽穗—灌浆期日耗水量略低于其他几个处理,说明定额 60 mm 在抽穗—灌浆期不能充分满足冬小麦对水分的需求。

3.2.4 不同灌水定额对冬小麦产量及其构成的影响

2010~2011 年和 2011~2012 年冬小麦不同灌水定额下的产量构成见表 3-18 和表 3-19。

表 3-18 2010~2011 年冬小麦不同灌水定额下的产量构成

处理	穗粒数/(粒/穗)	穗长/cm	千粒重/g	亩穗数/万穗	产量/(kg/hm^2)
定额 60 mm	44	7.7	40.1	42.97	7 980
定额 90 mm	45	7.8	40.3	43.72	8 380
定额 120 mm	47	7.6	40.7	41.97	8 520
定额 180 mm	46	7.8	41.6	40.23	8 430

表 3-19　2011～2012 年冬小麦不同灌水定额下的产量构成

处理	穗粒数/(粒/穗)	穗长/cm	千粒重/g	亩穗数/万穗	产量/(kg/hm^2)
定额 60 mm	46	7.7	40.1	42.30	8 140
定额 90 mm	45	8.0	40.1	43.70	8 450
定额 120 mm	48	7.8	40.6	40.28	8 670
定额 150 mm	48	7.6	40.4	39.96	8 640
定额 180 mm	46	7.8	42.4	40.28	8 695

由表 3-18 中产量的数据可以看出,定额 120 mm 的产量最高,定额 180 mm 的产量次之,定额 90 mm 的产量较小,定额 60 mm 的产量最小,说明灌水定额过大或过小都不会获得较高产量。由表 3-18 中穗粒数、穗长、千粒重及亩穗数的数据可以看出,各处理的穗粒数和穗长之间的差异较小,说明灌水定额对穗粒数和穗长的影响较小;定额 180 mm 处理的千粒重最大,其他各处理的千粒重接近,说明较大的灌水定额有利于籽粒千粒重的增加;定额 60 mm 和定额 90 mm 处理的亩穗数较大,定额 120 mm 和定额 180 mm 处理的亩穗数较小,说明小定额灌溉有利于更多亩穗数的形成。由表 3-19 中产量的数据可以看出,定额 120 mm 以上各处理的产量最高,定额 90 mm 处理的产量次之,定额 60 mm 的产量最小,说明灌水定额过大或过小都不会获得较高产量。由表 3-19 中穗粒数和穗长数据可以看出,各个处理的穗粒数很接近,穗长差异不大,说明灌水定额对这两项的影响较小。由表 3-19 中千粒重数据可以看出,灌水定额 180 mm 处理的千粒重最大,其他几个处理的千粒重较小并接近,说明灌水定额较大可以增加冬小麦的千粒重。由表 3-19 中亩穗数的数据可以看出,小定额的处理(定额 60 mm 和定额 90 mm)亩穗数较大,大定额的处理(定额 120 mm、定额 150 mm 和定额 180 mm)的亩穗数较小,说明灌水定额较小可以增加亩穗数。

由以上分析可以看出,2010～2011 年和 2011～2012 年不同灌水定额对冬小麦的影响规律不完全一致。

3.2.5　不同灌水定额下冬小麦耗水量与产量的关系研究

图 3-19 为 2010～2011 年不同灌水定额下冬小麦耗水量与产量的关系。

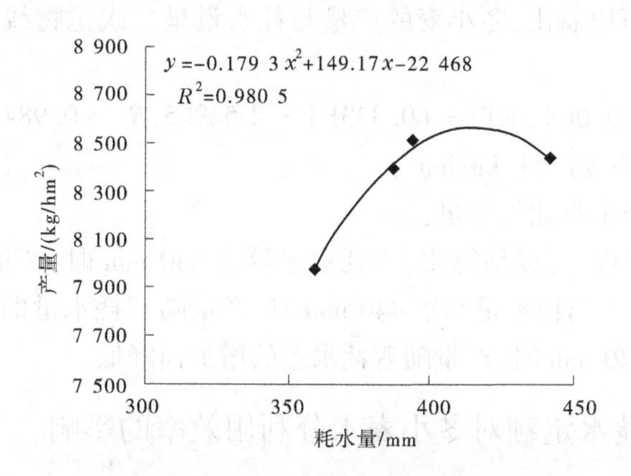

图 3-19　2010~2011 年不同灌水定额下冬小麦耗水量与产量的关系

由图 3-19 可以看出,冬小麦的产量与耗水量呈二次抛物线关系,拟合曲线方程为:

$$Y = -0.1793ET^2 + 149.17ET - 22468, R^2 = 0.9805 \quad (3\text{-}7)$$

式中　Y——冬小麦产量,kg/hm^2;

ET——全生育期耗水量,mm。

根据拟合方程,可以估算出,当耗水量等于 416 mm 时,产量将达到最大值 8 558 kg/hm^2。当耗水量小于 416 mm 时,产量随着耗水量的增加而增大,当耗水量大于 416 mm 时,产量随着耗水量的增加而降低。

图 3-20 为 2011~2012 年不同灌水定额下冬小麦耗水量与产量的关系。

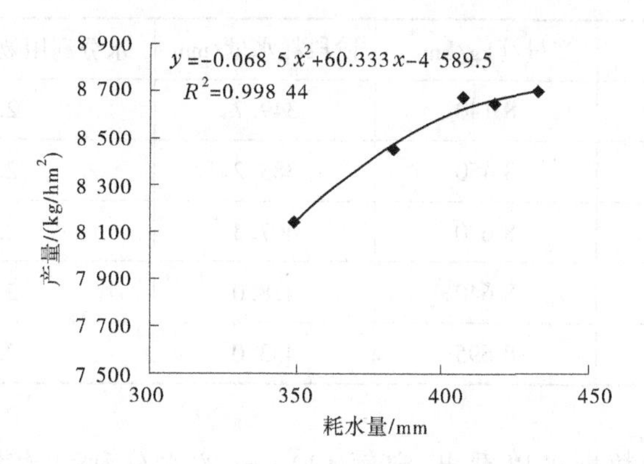

图 3-20　2011~2012 年不同灌水定额下冬小麦耗水量与产量的关系

由图 3-20 可以看出,冬小麦的产量与耗水量呈二次抛物线关系,拟合曲线方程为:

$$Y = -0.068\,5ET^2 + 60.333ET - 4\,589.5, R^2 = 0.984\,4 \tag{3-8}$$

式中 Y——冬小麦产量,kg/hm²;

ET——全生育期耗水量,mm。

根据拟合方程,可以估算出,当耗水量等于 440 mm 时,产量将达到最大值 8 695 kg/hm²。当耗水量小于 440 mm 时,产量随着耗水量的增加而增大,当耗水量大于 440 mm 时,产量随着耗水量的增加而降低。

3.2.6　不同灌水定额对冬小麦水分利用效率的影响

2010~2011 年和 2011~2012 年冬小麦不同灌水定额下水分利用效率分别见表 3-20 和表 3-21。

表 3-20　2010~2011 年冬小麦不同灌水定额下水分利用效率

处理	产量/(kg/hm²)	阶段耗水量/mm	水分利用效率/(kg/m³)
定额 60 mm	7 980	358.9	2.36
定额 90 mm	8 380	388.3	2.34
定额 120 mm	8 520	395.0	2.38
定额 180 mm	8 430	442.7	1.95

表 3-21　2011~2012 年冬小麦不同灌水定额下水分利用效率

处理	产量/(kg/hm²)	阶段耗水量/mm	水分利用效率/(kg/m³)
定额 60 mm	8 140	349.7	2.33
定额 90 mm	8 450	383.2	2.20
定额 120 mm	8 670	407.3	2.13
定额 150 mm	8 640	418.0	2.07
定额 180 mm	8 695	433.0	2.01

由表 3-20 中数据可以看出,定额 120 mm 的水分利用效率最大,约为 2.38 kg/m³;定额 60 mm 和定额 90 mm 的水分利用效率次之,分别为 2.36 kg/m³ 和 2.34 kg/m³;定额 150 mm 水分利用效率最小,约为 1.95 kg/m³。由

表3-21中数据可以看出,定额60 mm的水分利用效率最大,约为2.33 kg/m^3;定额90 mm和定额120 mm的水分利用效率次之,分别为2.20 kg/m^{3}和2.13 kg/m^3;定额150 mm的水分利用效率较小,约为2.07 kg/m^3;定额180 mm的水分利用效率最小,约为2.01 kg/m^3。

图3-21和图3-22分别为2010~2011年和2011~2012年不同灌水定额下冬小麦的产量及水分利用效率。

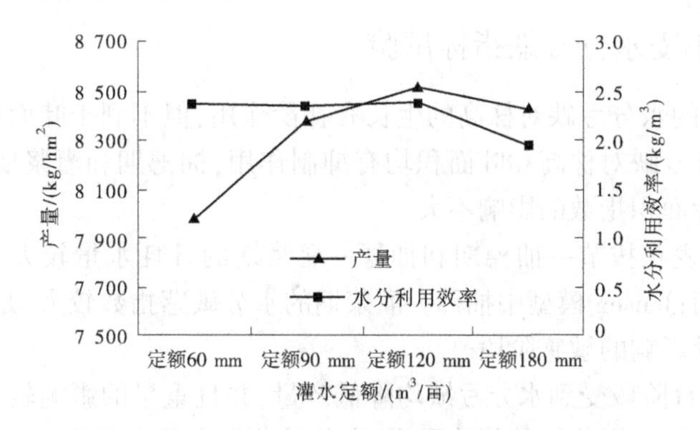

图3-21　2010~2011年不同灌水定额下冬小麦产量及水分利用效率

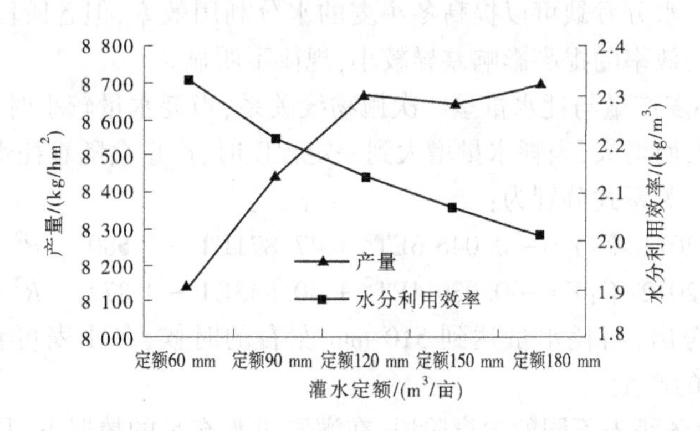

图3-22　2011~2012年不同灌水定额下冬小麦产量及水分利用效率

由图3-21和图3-22可以看出,随着灌水定额的增大,冬小麦的水分利用效率逐渐减小,而产量表现出相反的规律。由此说明较大的灌水定额,可获得高产,但水分利用效率较低;较小的灌水定额,可获得较高的水分利用效率,但产量不高。因此,只有适宜的灌水定额才能既可以获得高产,又可以节水高效。

3.3 小 结

本书通过对冬小麦水分亏缺指标试验和冬小麦适宜灌水定额试验数据的整理,分析了冬小麦不同条件下的生理生态指标、耗水规律、产量及水分利用效率,得出以下结论:

3.3.1 冬小麦水分亏缺指标试验

(1)苗期的水分亏缺对株高的生长有补偿作用,但不利于叶面积的生长;拔节期的水分亏缺对株高和叶面积均有抑制作用;抽穗期和灌浆期的水分亏缺对株高和叶面积指数的影响不大。

(2)冬小麦在拔节—抽穗期和抽穗—灌浆期的日耗水量较大,是冬小麦的灌水关键期;Jensen 模型中抽穗—灌浆期的水分敏感指数较大,是冬小麦水分亏缺对产量影响的敏感阶段。

(3)各生育阶段受到水分亏缺均降低产量,并且重旱的影响较大,但苗期水分亏缺对产量的影响较其他阶段小,水分亏缺发生的生育阶段越靠后,产量降低得越多。水分亏缺可以提高冬小麦的水分利用效率,但各阶段的水分亏缺对水分利用效率的提高影响差异较小,规律不明显。

(4)冬小麦产量与耗水量呈二次抛物线关系,当耗水量较小时,产量随着耗水量的增大而增大,当耗水量增大到一定程度时,产量会随着耗水量的增大而逐渐减小。关系式分别为:

2010 ~ 2011 年:$Y = -0.0466ET^2 + 47.871ET - 3680, \quad R^2 = 0.9506$

2011 ~ 2012 年:$Y = -0.0394ET^2 + 40.843ET - 1872, \quad R^2 = 0.8212$

本试验得出,当耗水量达到 510 mm 左右的时候,冬小麦可获得 8 600 kg/hm^2 以上的产量。

(5)针对冬小麦不同的生育阶段,在灌溉供水充足的情况下,我们以高产为目标,推荐不同生育时期适宜的土壤水分下限指标分别是:苗期土壤含水量不能低于田间持水量的 55%,拔节期土壤含水量可以控制在田间持水量的 55%左右,抽穗期土壤含水量不能低于田间持水量的 60%,灌浆期土壤含水量可以控制在田间持水量的 55%左右。在灌溉供水不充足的情况下,我们以高水分利用效率为目标,推荐不同生育时期适宜的土壤水分下限指标分别是:苗期土壤含水量不能低于田间持水量的 45%,拔节期土壤含水量可以控制在田间持水量的 55%左右,抽穗期土壤含水量不能低于田间持水量的 60%,灌浆期土壤含水量可以控制在田间持水量的45%左右。

3.3.2 冬小麦适宜灌水定额试验

(1)灌水定额大于60 mm时,不同灌水定额对冬小麦的株高和叶面积指数影响不大,灌水定额小于60 mm时,不利于植株和叶面积的正常生长。

(2)不同灌水定额处理的阶段耗水量表现为:在播种—拔节期和灌浆—成熟期较大,在拔节—抽穗期和抽穗—灌浆期较小;但日耗水量表现为播种—拔节期和灌浆—成熟期较小,在拔节—抽穗期和抽穗—灌浆期较大,并且灌水定额60 mm处理在阶段耗水量或日耗水量较大的阶段均明显小于其他处理。全生育期耗水量呈现为:灌水定额越大,全生育期的总耗水量就越大。适宜的灌水定额才会降低冬小麦的无效耗水。

(3)不同灌水定额对穗粒数和穗长的影响较小,灌水定额较大可以增加冬小麦的千粒重,灌水定额较小可以增加亩穗数。灌水定额较大时,可获得高产,但不利于提高水分利用效率;灌水定额较小时,可提高水分利用效率,但产量不高。只有适宜的灌水定额才能达到既节水又高产的效果。

(4)不同灌水定额下,冬小麦的产量与耗水量呈二次抛物线关系,当耗水量较小时,产量随着耗水量的增大而增大,当耗水量增大到一定程度时,产量会随着耗水量的增大而逐渐减小。关系式分别为:

2010~2011年:$Y = -0.1793ET^2 + 149.17ET - 22468$, $R^2 = 0.9805$

2011~2012年:$Y = -0.0685ET^2 + 60.333ET - 4589.5$, $R^2 = 0.9844$

本试验得出,当耗水量达到410~440 mm的时候,冬小麦可获得8 500 kg/hm² 以上的产量。

(5)针对不同灌溉供水情况,我们优选出冬小麦适宜灌水定额分别为:在灌溉供水充足的情况下,以高产为目标,推荐定额90 mm为节水高效的灌水定额;在灌溉供水不充足的情况下,以水分利用效率最大为目标,推荐灌水定额60 mm为节水高效的灌水定额。

第4章 夏玉米试验结果及分析

4.1 夏玉米水分亏缺指标试验

4.1.1 不同水分处理对夏玉米株高的影响

株高是形成产量的基础,与抗旱性及籽粒产量密切相关。表4-1、表4-2和图4-1、图4-2分别给出了2011年和2012年不同水分处理条件下夏玉米的株高。

表4-1 2011年全生育期内不同水分处理条件下夏玉米的株高

处理	7月8日	7月15日	7月22日	7月29日	8月5日	8月12日	8月19日	9月16日
适宜水分	102.5	141.7	193.0	241.2	243.6	247.4	248.0	248.0
苗期轻旱	86.8	126.6	175.4	232.0	243.0	246.8	246.8	246.8
苗期中旱	69.1	88.0	114.8	184.4	228.2	237.6	237.6	237.6
苗期重旱	71.7	85.3	107.0	162.6	200.0	223.8	223.8	223.8
拔节期轻旱	89.8	118.0	158.9	218.8	233.8	236.0	236.0	236.0
拔节期中旱	86.8	116.5	150.4	195.0	225.6	229.4	229.4	229.4
拔节期重旱	68.5	89.5	112.5	158.8	188.4	202.6	202.6	202.6
抽雄期轻旱	80.3	108.3	168.1	225.4	245.4	250.0	250.0	250.0
抽雄期中旱	95.8	131.5	171.8	222.4	250.4	253.2	253.2	253.2
抽雄期重旱	83.2	118.7	183.2	224.0	248.2	252.4	252.4	252.4
灌浆期轻旱	93.0	130.0	189.7	242.4	261.2	264.8	264.8	264.8
灌浆期中旱	101.0	142.6	200.1	248.8	256.8	257.0	257.0	257.0
灌浆期重旱	82.5	118.5	167.7	219.4	252.4	257.4	257.4	257.4
生育前期连旱	72.2	81.3	106.2	150.6	197.0	206.4	206.4	206.4

续表 4-1

处理	7月8日	7月15日	7月22日	7月29日	8月5日	8月12日	8月19日	9月16日
生育中期连旱	82.8	115.6	163.5	220.4	237.0	249.6	249.6	249.6
生育后期连旱	87.5	114.8	168.6	234.0	255.2	263.0	263.0	263.0
全生育期中水分	71.6	85.7	124.2	178.8	204.2	223.0	223.0	223.0
全生育期低水分	71.6	82.8	93.3	123.8	159.4	188.4	189.4	189.4

表 4-2　2012 年全生育期内不同水分处理条件下夏玉米的株高

处理	6月28日	7月10日	7月19日	7月24日	7月30日	8月6日	8月13日	8月27日	9月11日	9月25日
适宜水分	57.1	108.9	142.4	181.5	214.0	235.0	234.7	231.8	232.0	231.2
苗期轻旱	55.0	99.9	137.8	177.3	211.3	230.5	240.4	232.0	235.8	229.3
苗期中旱	51.1	72.0	102.5	135.2	150.1	187.0	208.7	211.0	203.8	209.0
苗期重旱	51.5	76.2	93.3	122.7	139.2	189.3	211.0	215.0	214.4	211.3
拔节期轻旱	59.6	97.1	133.7	157.2	178.5	215.7	218.3	214.5	217.8	218.0
拔节期中旱	54.9	84.4	115.2	138.8	154.3	195.7	209.0	200.5	206.0	207.5
拔节期重旱	48.3	69.1	96.1	111.3	118.3	150.9	179.3	193.0	176.5	175.8
抽雄期轻旱	48.3	85.4	129.5	168.2	206.3	240.7	240.0	235.0	239.3	241.0
抽雄期中旱	55.4	93.9	136.7	174.0	212.0	241.7	245.7	244.0	249.0	247.7
抽雄期重旱	58.9	97.3	146.6	182.3	224.3	246.7	247.3	249.0	251.0	235.0
灌浆期轻旱	50.9	97.5	146.8	187.0	228.7	254.7	255.3	255.0	251.8	252.8
灌浆期中旱	49.2	96.8	138.7	170.8	209.3	235.7	228.7	237.0	230.0	227.5
灌浆期重旱	49.5	86.6	122.7	154.3	186.7	214.0	213.0	216.0	211.5	214.4
生育前期连旱	45.4	81.4	109.7	125.7	133.3	176.3	195.7	180.5	171.9	169.0
生育中期连旱	51.9	91.5	132.2	151.7	164.2	198.0	201.0	190.0	197.5	175.5
生育后期连旱	54.6	85.6	122.0	168.3	207.7	235.0	230.0	238.0	242.5	244.0
全生育期中水分	56.3	77.2	113.5	146.3	169.3	215.7	218.7	219.0	221.3	220.5
全生育期低水分	44.0	72.1	89.1	114.2	145.7	175.7	177.3	179.0	194.5	168.8

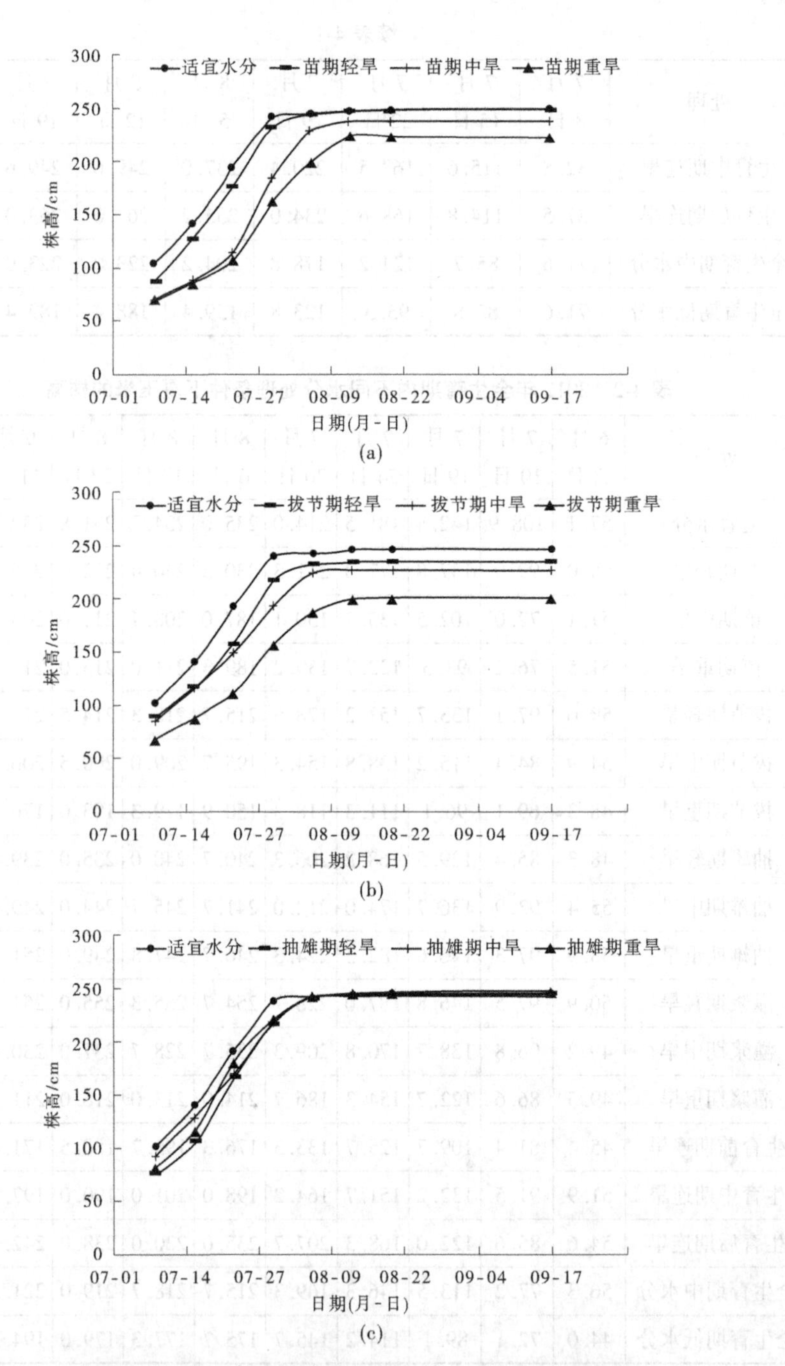

图 4-1 2011 年不同水分处理条件下夏玉米的株高

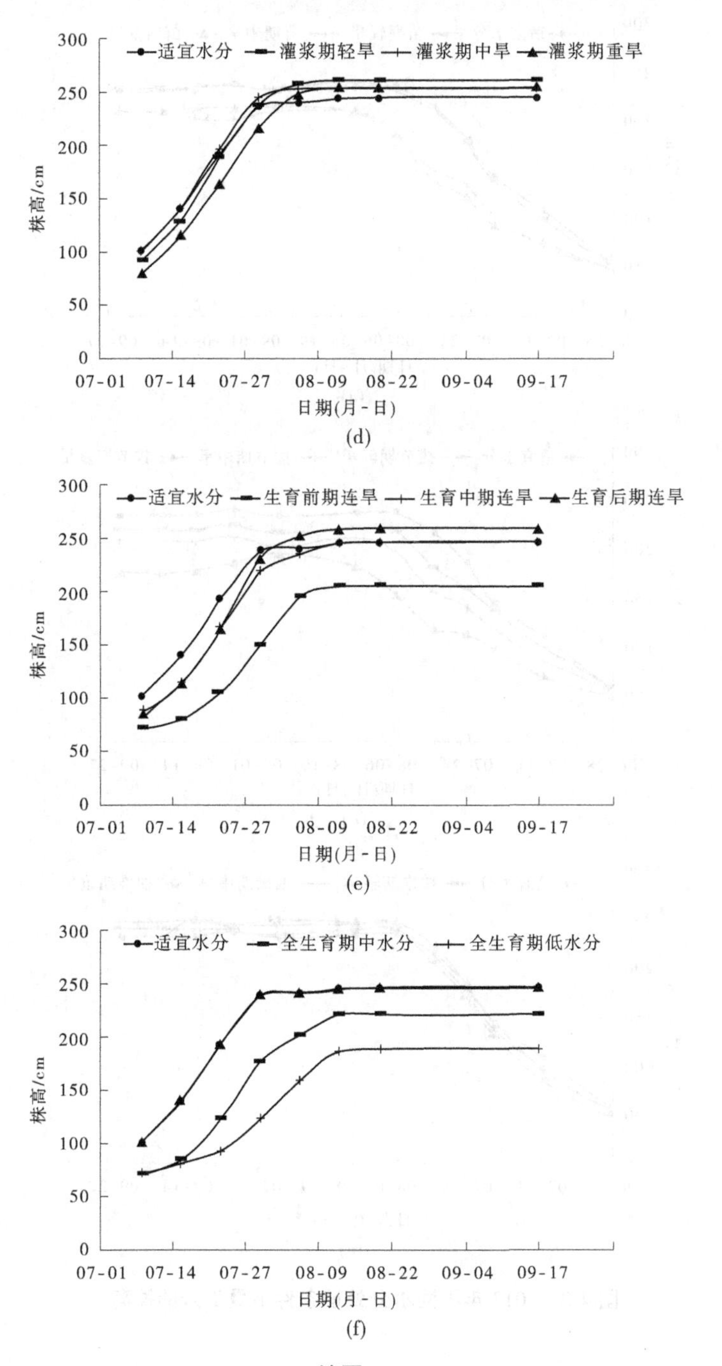
适宜水分
灌浆期轻旱
灌浆期中旱
灌浆期重旱
株高/cm
日期(月-日)
(d)
适宜水分
生育前期连旱
生育中期连旱
生育后期连旱
株高/cm
日期(月-日)
(e)
适宜水分
全生育期中水分
全生育期低水分
株高/cm
日期(月-日)
(f)

续图 4-1

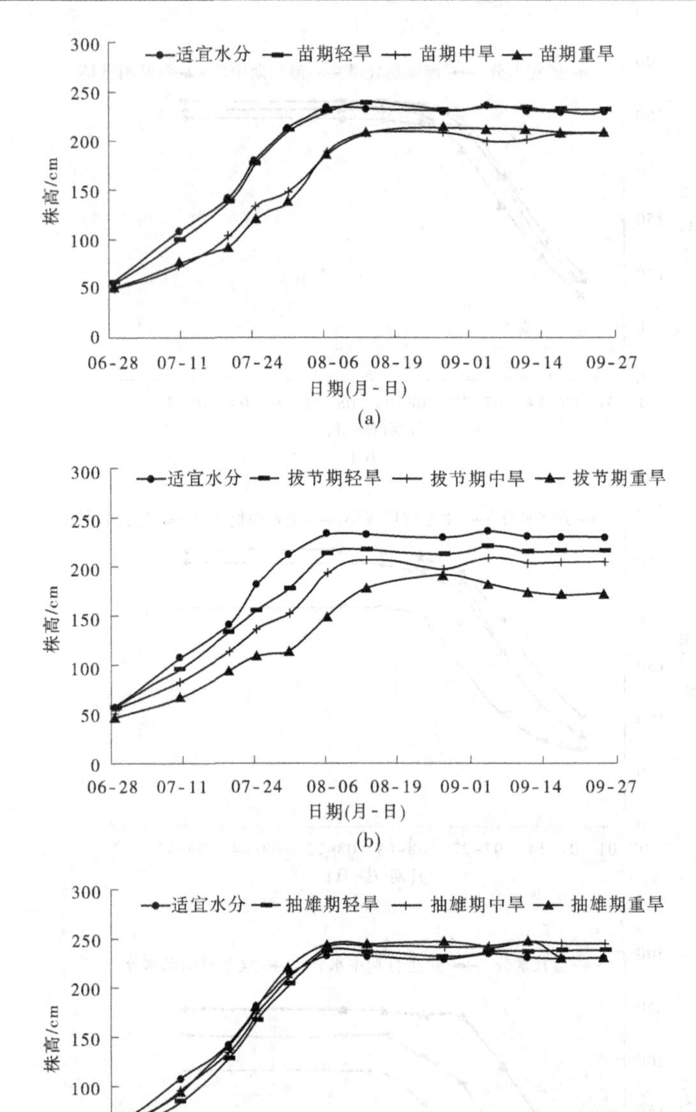

图 4-2　2012 年不同水分处理条件下夏玉米的株高

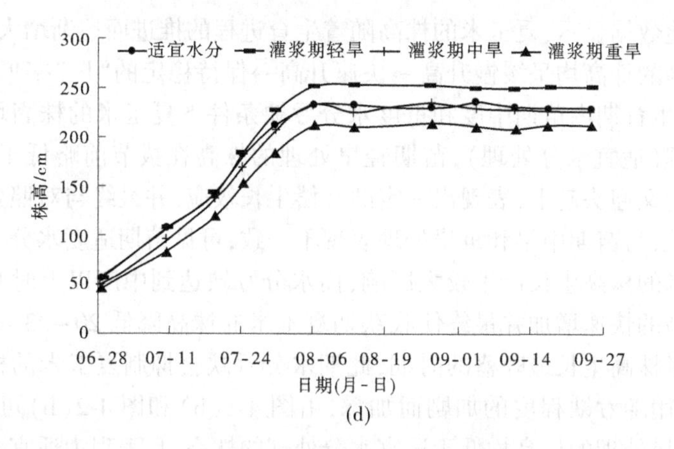
300
250
200
150
100
50
0
株高/cm
适宜水分
灌浆期轻旱
灌浆期中旱
灌浆期重旱
06-28
07-11
07-24
08-06
08-19
09-01
09-14
09-27
日期(月-日)

(d)

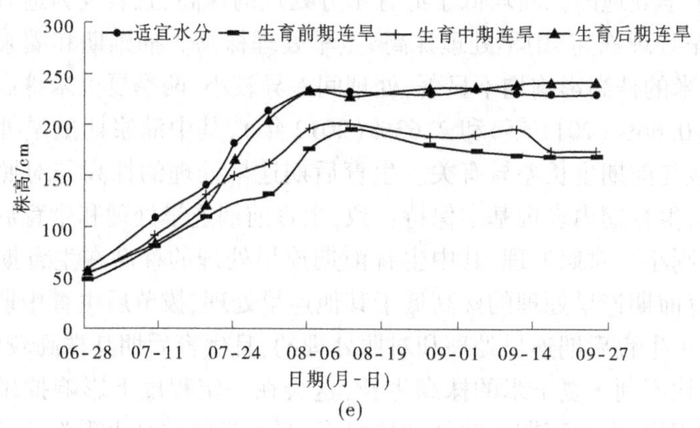
300
250
200
150
100
50
0
株高/cm
适宜水分
生育前期连旱
生育中期连旱
生育后期连旱
06-28
07-11
07-24
08-06
08-19
09-01
09-14
09-27
日期(月-日)

(e)

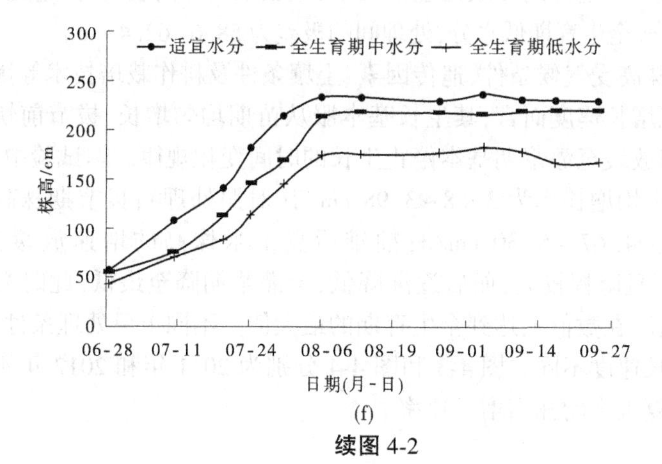
300
250
200
150
100
50
0
株高/cm
适宜水分
全生育期中水分
全生育期低水分
06-28
07-11
07-24
08-06
08-19
09-01
09-14
09-27
日期(月-日)

(f)

续图 4-2

两年试验数据显示，夏玉米的株高随着生育进程的推进而逐渐增大，全生育期内各处理的株高均呈缓慢升高→快速升高→保持稳定的“厂”字形变化。本试验中，全生育期内苗期中度和重度水分亏缺条件下夏玉米的株高均显著低于对照处理(适宜水分处理)，苗期轻旱处理的株高在拔节前略低于对照，拔节期复水后又迎头赶上，表现出一定的补偿生长效应，并最终与对照处理的株高保持一致，与苗期中旱和重旱处理表现不一致，可见苗期适度水分亏缺并不会对夏玉米的株高生长产生较大影响，而水分亏缺达到中度以上时则会限制夏玉米株高的快速增加并最终使收获期夏玉米的株高降低 20 ~ 23 cm。拔节期是夏玉米株高生长最旺盛的时期，此期水分亏缺会抑制夏玉米的株高生长，且抑制作用随亏缺程度的加剧而加深，由图 4-1(b)和图 4-2(b)可知，轻旱、中旱和重旱处理的株高均低于适宜水分处理的株高，且表现为适宜水分处理株高>轻旱处理株高>中旱处理株高>重旱处理株高。抽雄期和灌浆期水分胁迫对夏玉米的株高影响均不显著，处理间差异较小，两季夏玉米株高的变异系数分别为 0.66%(2011 年)和 2.63%(2012 年)，其中灌浆期重旱处理的株高最小，应该与前期生长差异有关。生育后期连旱处理的株高与对照处理间无显著差异，生育期内表现基本保持一致，生育前期连旱处理和生育后期连旱处理的株高则小于对照处理，其中生育前期连旱处理的株高在生育期内总是最小，且生育前期连旱处理的株高低于其他连旱处理，拔节后生育中期连旱处理的株高低于生育后期连旱处理和对照处理的，且生育后期其株高较低，可见前中期连旱均不利于夏玉米的株高生长，这会在一定程度上影响抽雄前夏玉米的干物质积累；全生育期亏缺处理情况下，夏玉米的株高表现为：适宜水分>全生育期中水分>全生育期低水分，处理间的极差为 58.6~62.4 cm。

夏玉米的株高受气候条件、遗传因素、土壤条件及耕作栽培技术等因素的影响较大，但就增长速度而言，其生长基本服从苗期均匀增长，拔节前快速增长，抽雄期增速放缓至灌浆期基本停止生长的时间变化规律。本试验中，苗期夏玉米株高的平均增长率为 3.68 ~ 3.98 cm/d(对照处理)；拔节期株高的增长速度最快，达 4.67 ~ 5.30 cm/d；抽雄后夏玉米株高的增速放缓，降至 3.00 cm/d 以下且降幅较大，而后逐渐降低，至灌浆期降至最低，此时夏玉米的株高停止生长，在数值上达到全生育期的最大值。不同干旱处理条件下，夏玉米的株高增长速度不同。图 4-3 和图 4-4 分别为 2011 年和 2012 年不同水分处理条件下夏玉米的株高增长速率。

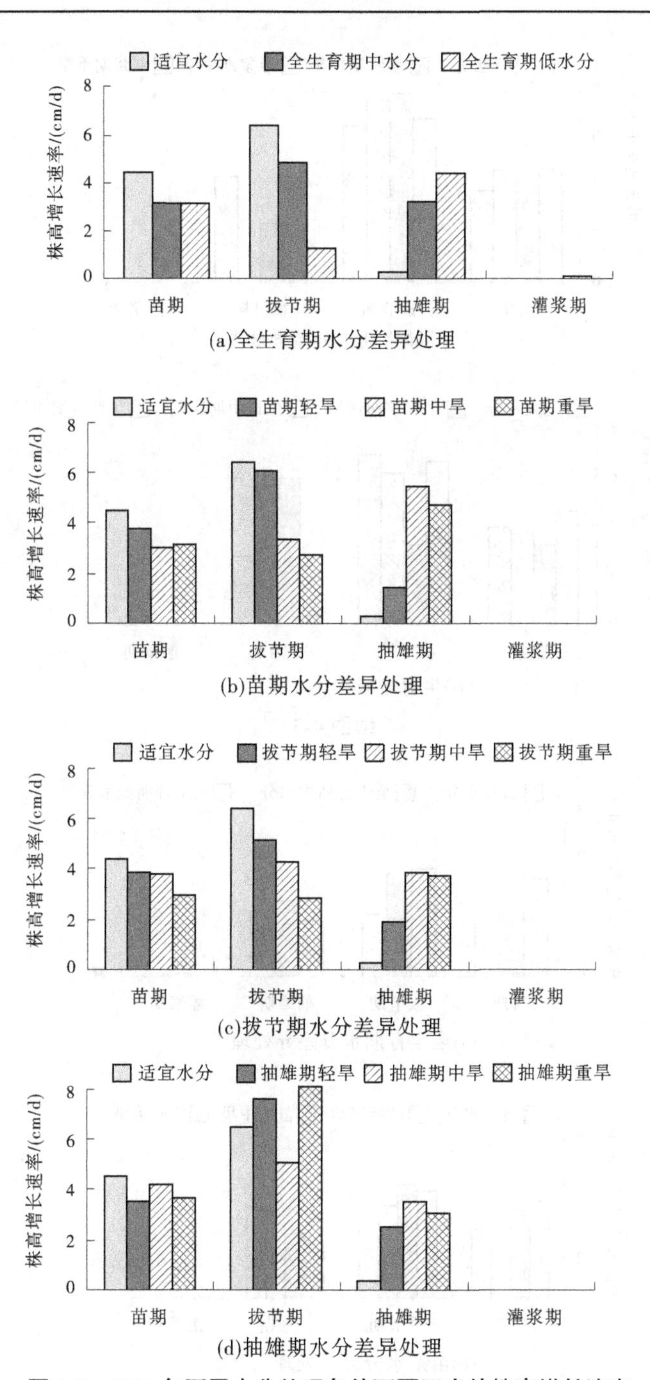

图 4-3　2011 年不同水分处理条件下夏玉米的株高增长速率

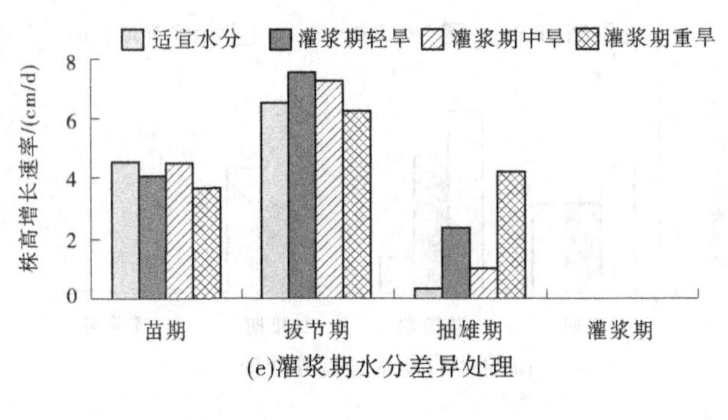

(e)灌浆期水分差异处理

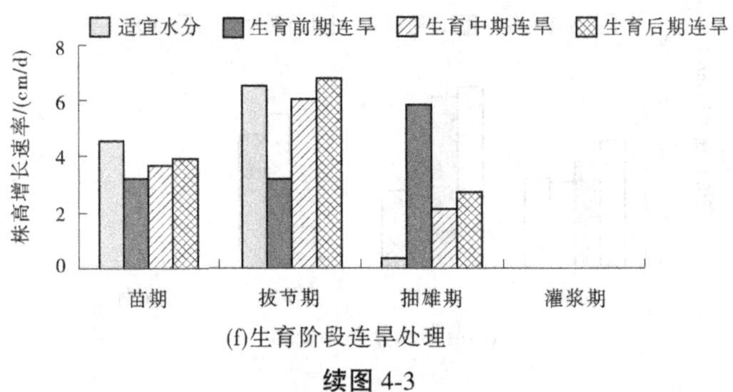

(f)生育阶段连旱处理

续图 4-3

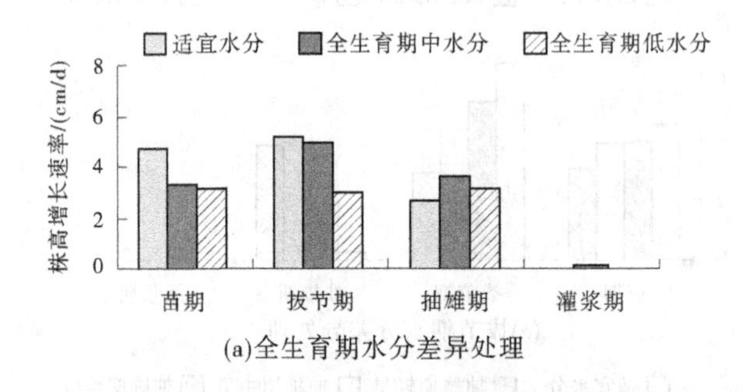

(a)全生育期水分差异处理

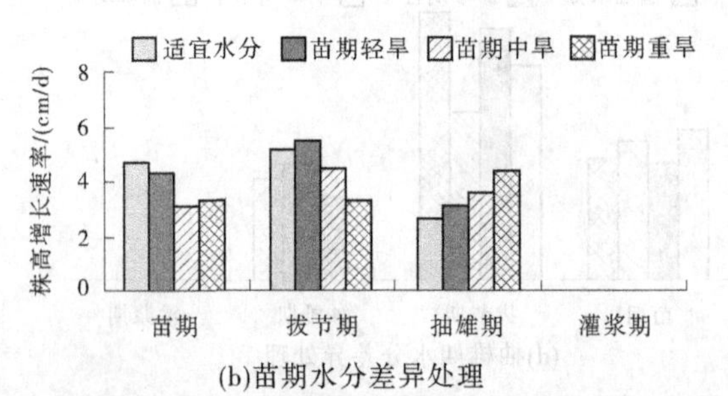

(b)苗期水分差异处理

图 4-4 2012 年不同水分处理条件下夏玉米的株高

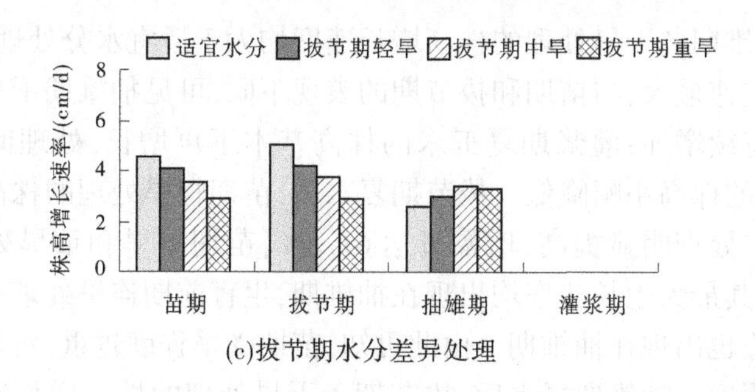

(c)拔节期水分差异处理

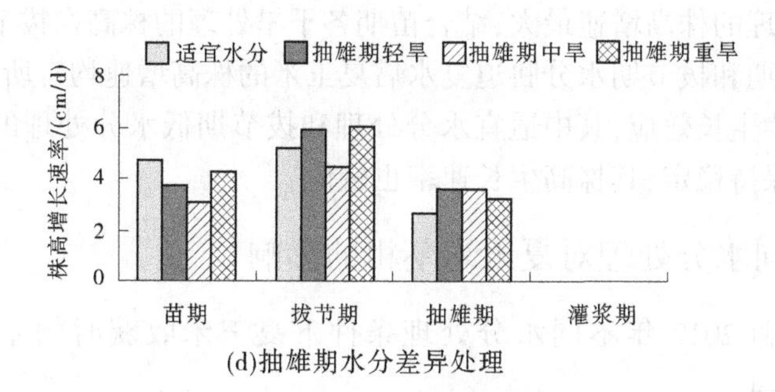

(d)抽雄期水分差异处理

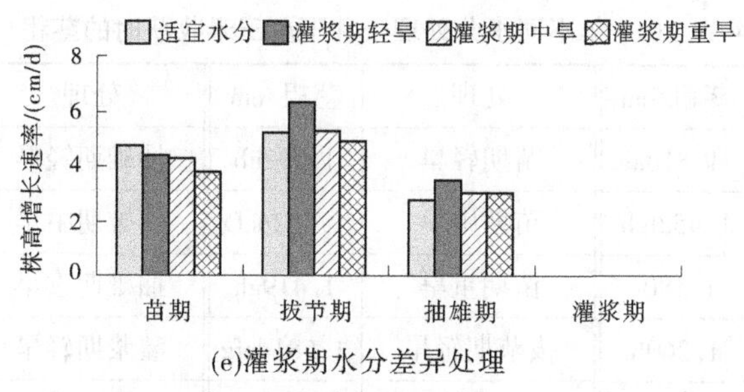

(e)灌浆期水分差异处理

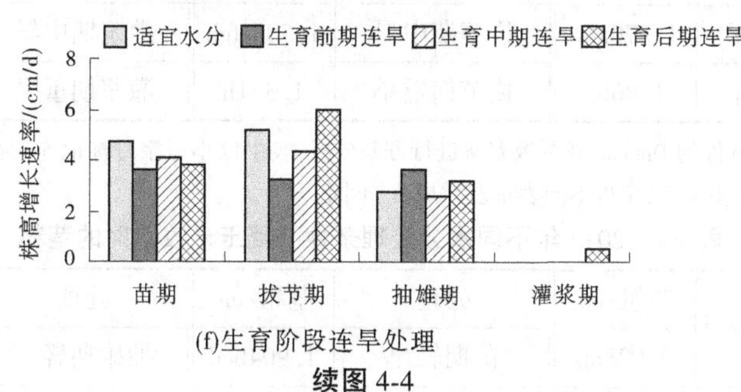

(f)生育阶段连旱处理

续图 4-4

由图4-3和图4-4可知,苗期夏玉米的株高增长速度表现为:适宜水分>轻旱处理>中旱处理≥重旱处理;拔节期为:适宜水分≥轻旱处理>中旱处理>

重旱处理;抽雄期各干旱处理的株高增长速度均大于适宜水分处理,其中中旱处理的株高增速最大,与苗期和拔节期的表现不同,可见抽雄期干旱有利于夏玉米株高的持续增加;灌浆期夏玉米的株高基本不再增长,处理间无显著差异,部分处理的株高小幅降低。拔节期复水后,苗期轻旱处理的株高增速较苗期中旱和重旱处理明显提高,增幅可达61.8%,苗期中旱和重旱处理的株高增幅则较小,其最大生长速率均出现在抽雄期,生育前期连旱处理的株高增长速率的最大值也出现在抽雄期。由此可知,苗期受旱程度越重,对其株高生长的影响也越深远。抽雄期复水后,拔节期各干旱处理的株高增长速度均大于对照,中旱处理的株高增速最大,结合苗期各干旱处理的株高在拔节期的表现不难发现,苗期和拔节期水分胁迫复水后夏玉米的株高增速均有所提高,表现出一定的补偿生长效应,其中适宜水分处理和拔节期低水分处理的株高在抽雄期已基本保持稳定,其株高生长速率也较低。

4.1.2　不同水分处理对夏玉米茎粗的影响

2011年和2012年不同水分处理条件下夏玉米收获时的茎粗分别见表4-3和表4-4。

表4-3　2011年不同水分处理条件下夏玉米收获时的茎粗

处理	茎粗/cm	处理	茎粗/cm	处理	茎粗/cm
适宜水分	1.810a	苗期轻旱	1.792ab	抽雄期轻旱	1.608cdef
全生育期中水分	1.452fgh	苗期中旱	1.562defg	抽雄期中旱	1.633bcde
全生育期低水分	1.180i	苗期重旱	1.419gh	抽雄期重旱	1.650abcde
生育前期连旱	1.360h	拔节期轻旱	1.581defg	灌浆期轻旱	1.675abcde
生育中期连旱	1.770abc	拔节期中旱	1.505efgh	灌浆期中旱	1.760abc
生育后期连旱	1.806a	拔节期重旱	1.341h	灌浆期重旱	1.716abcd

注:采用DPS软件的Duncan新复极差法进行方差分析,表中以小写字母标记5%显著水平,字母相同表示差异不显著,字母不同表示差异显著,下同。

表4-4　2012年不同水分处理条件下夏玉米收获时的茎粗

处理	茎粗/cm	处理	茎粗/cm	处理	茎粗/cm
适宜水分	2.028ab	苗期轻旱	1.904bcd	抽雄期轻旱	1.977abc
全生育期中水分	1.625h	苗期中旱	1.636efg	抽雄期中旱	1.617efg
全生育期低水分	1.541fg	苗期重旱	1.643efg	抽雄期重旱	1.883bcd

续表 4-4

处理	茎粗/cm	处理	茎粗/cm	处理	茎粗/cm
生育前期连旱	1.395def	拔节期轻旱	1.793cde	灌浆期轻旱	2.095a
生育中期连旱	1.597efg	拔节期中旱	1.914abcd	灌浆期中旱	1.896bcd
生育后期连旱	1.759gh	拔节期重旱	1.899bcd	灌浆期重旱	1.637efg

由表 4-3 和表 4-4 可知,夏玉米的茎粗因土壤水分差异而表现不一,但适宜水分处理的茎粗总是最大,可见不同时期不同程度的水分亏缺都会使夏玉米的茎秆变细,而这也恰恰反映了夏玉米生育过程中为应对土壤干旱会及时有效地采用一些生理生态手段来进行生长调控。2011 年苗期和拔节期胁迫处理条件下夏玉米的茎粗表现为:轻旱处理>中旱处理>重旱处理,且同一水分胁迫程度下苗期胁迫处理的茎粗均较拔节期大,而抽雄期和灌浆期的茎粗也较拔节期大,但处理间差异较小,生育阶段连旱处理也得到了相同的结果,可见生育前、中期夏玉米的茎粗受土壤水分影响较大,且影响程度随干旱程度的加剧而加深,生育后期所受影响则较小。2012 年苗期和抽雄期胁迫处理条件下夏玉米的茎粗均表现为:轻旱处理>重旱处理>中旱处理,其中苗期中旱处理和重旱处理的茎粗均显著小于轻旱处理和对照处理,可见苗期中度以上水分胁迫不利于夏玉米形成较为粗壮的茎秆,增加了生育中后期易倒伏的风险;拔节期胁迫处理的茎粗表现为中旱处理最大,重旱处理次之,轻旱处理最小,灌浆期胁迫处理的茎粗则表现为随胁迫程度的加剧而减小。各连旱处理条件下夏玉米茎粗的表现为:前期连旱<中期连旱<后期连旱,可见水分亏缺对茎粗的影响随着生育期的推进而逐渐降低。此外,就全生育期水分处理而言,两年试验数据均显示,适宜水分处理的茎粗最大,全生育期中水分处理次之,全生育期低水分处理最小,水分亏缺程度越大,茎粗则越小。

4.1.3　不同水分处理对夏玉米叶面积指数的影响

叶面积指数(LAI)与植被的光合作用、作物蒸发、蒸散等过程密切相关,是应用于作物监测、估产和病害评价的一个关键的生态参数。2011 年和 2012 年不同水分处理条件下夏玉米的叶面积指数分别见表 4-5、表 4-6 和图 4-5、图 4-6。各处理叶面积指数在生育前期和中期均随着时间的推移而逐渐增加,达到最大值后,随着夏玉米下部叶片的逐步枯黄,有效绿叶面积逐渐降低,叶面积指数也逐渐减小。

表 4-5　2011 年全生育期内不同水分处理条件下夏玉米的叶面积指数

处理	7月8日	7月15日	7月22日	7月29日	8月5日	8月12日	8月19日	8月26日	9月2日	9月9日	9月16日
适宜水分	1.17	2.19	3.46	4.16	4.23	4.17	4.25	4.17	4.09	3.97	3.19
苗期轻旱	0.75	1.93	2.95	3.71	3.88	3.91	3.74	3.66	3.66	3.48	2.28
苗期中旱	0.40	0.77	1.39	2.27	2.80	3.28	2.92	2.91	2.91	2.83	2.50
苗期重旱	0.49	0.73	1.33	2.17	2.80	2.77	2.82	2.81	2.81	2.81	2.47
拔节期轻旱	0.62	1.30	2.18	3.13	3.41	3.41	3.35	3.35	3.31	3.25	2.86
拔节期中旱	0.67	1.33	2.09	3.03	3.20	3.42	3.29	3.22	3.18	3.10	2.55
拔节期重旱	0.41	0.76	1.36	2.00	2.74	2.74	2.69	2.59	2.59	2.59	2.51
抽雄期轻旱	0.48	1.29	2.57	3.48	3.95	3.72	3.81	3.55	3.55	3.48	3.16
抽雄期中旱	0.93	1.76	2.55	3.42	3.83	4.14	3.96	3.90	3.90	3.80	3.51
抽雄期重旱	0.52	1.27	3.38	4.13	4.36	4.10	4.09	4.03	3.88	3.88	3.06
灌浆期轻旱	0.87	1.86	2.99	3.83	4.55	4.28	4.08	4.15	3.99	3.99	3.38
灌浆期中旱	0.96	2.02	3.38	4.12	4.48	4.40	4.41	4.34	4.18	4.09	3.70
灌浆期重旱	0.63	1.44	2.83	3.32	3.64	3.61	3.58	3.56	3.49	3.49	2.75
生育前期连旱	0.46	0.82	1.33	2.17	2.72	2.87	2.75	2.68	2.68	2.52	2.13
生育中期连旱	0.59	1.33	2.10	3.13	3.55	3.40	3.44	3.25	3.25	3.21	2.94
生育后期连旱	0.61	1.47	2.78	3.61	3.91	3.62	3.77	3.61	3.61	3.61	3.25
全生育期中水分	0.42	0.69	1.48	2.43	3.15	3.13	3.02	2.90	2.90	2.85	2.53
全生育期低水分	0.38	0.55	0.98	1.44	2.66	2.57	2.66	2.57	2.57	2.52	2.05

表4-6　2012年全生育期内不同水分处理条件下夏玉米的叶面积指数

处理	6月28日	7月10日	7月19日	7月24日	7月30日	8月6日	8月13日	8月27日	9月4日	9月17日	9月25日
适宜水分	0.16	1.06	2.19	3.15	3.79	3.98	3.90	3.87	3.68	3.12	3.03
苗期轻旱	0.14	0.78	1.89	2.89	3.57	3.86	3.77	3.66	3.53	2.91	2.51
苗期中旱	0.10	0.51	1.13	1.70	2.50	2.93	2.89	2.88	2.65	2.13	1.51
苗期重旱	0.12	0.46	0.91	1.65	2.11	3.09	3.07	3.23	2.96	2.03	1.46
拔节期轻旱	0.16	0.76	1.84	2.62	3.15	3.82	3.69	3.18	3.67	2.41	2.07
拔节期中旱	0.14	0.56	1.36	2.15	2.61	3.35	3.24	2.96	3.19	2.66	2.60
拔节期重旱	0.11	0.37	1.51	1.33	1.57	2.34	2.41	2.70	2.45	1.99	1.26
抽雄期轻旱	0.12	0.64	1.53	2.48	3.53	3.82	3.76	3.68	3.34	2.46	1.54
抽雄期中旱	0.15	0.65	1.90	2.87	3.62	3.95	3.80	3.78	4.49	2.85	1.93
抽雄期重旱	0.17	0.75	2.18	2.89	3.80	4.00	3.85	3.69	3.25	1.85	1.29
灌浆期轻旱	0.13	0.82	2.07	2.97	3.70	4.08	4.02	3.72	3.67	3.19	1.87
灌浆期中旱	0.18	0.74	1.81	2.69	3.40	3.66	3.44	3.90	3.17	2.36	1.60
灌浆期重旱	0.14	0.64	1.44	2.21	2.99	3.21	2.99	2.79	2.22	0.23	0.29
生育前期连旱	0.09	0.48	1.15	1.61	1.90	2.81	2.86	2.73	2.50	2.14	1.69
生育中期连旱	0.15	0.69	1.82	2.41	2.99	3.61	3.39	2.83	3.03	2.12	2.24
生育后期连旱	0.15	0.57	1.40	2.44	3.22	3.58	3.41	3.16	2.83	2.25	1.41
全生育期中水分	0.09	0.49	1.13	2.45	2.62	3.35	3.81	3.23	2.78	2.59	1.98
全生育期低水分	0.08	0.43	0.86	1.35	2.72	2.77	2.74	2.70	2.57	1.84	1.28

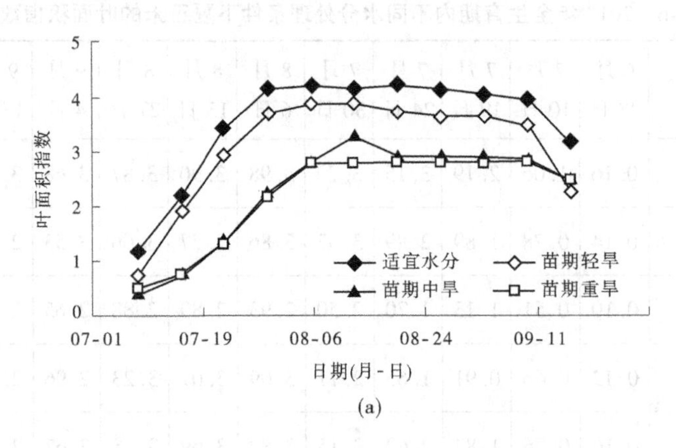

(a)

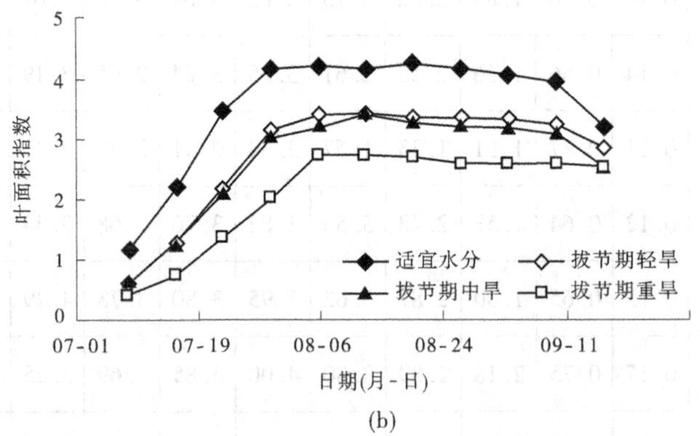

(b)

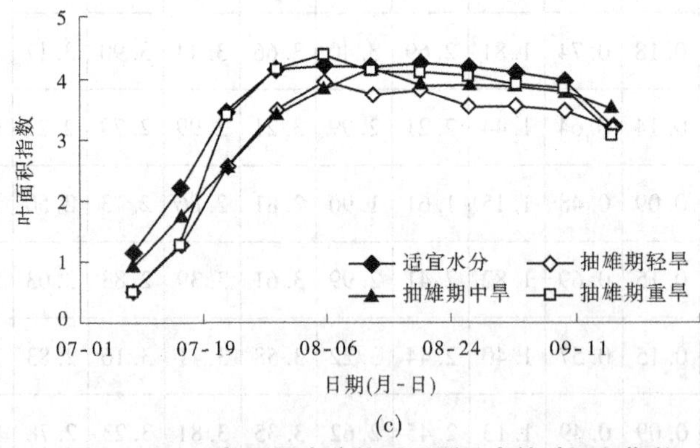

(c)

图 4-5　2011 年不同水分处理下夏玉米的叶面积指数

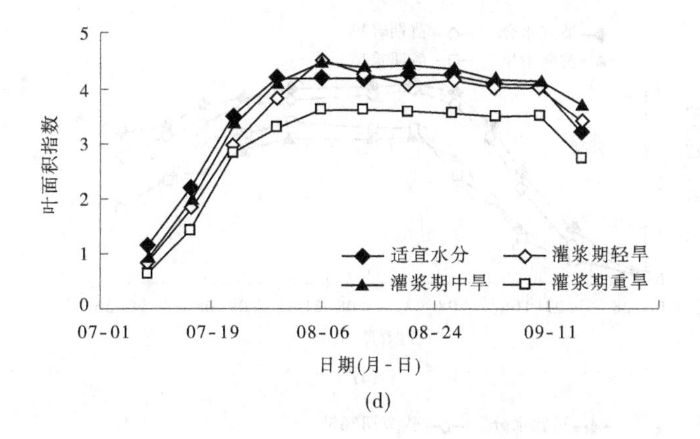
叶面积指数
5
4
3
2
1
0
07-01
07-19
08-06
08-24
09-11
日期(月-日)
适宜水分
灌浆期轻旱
灌浆期中旱
灌浆期重旱

(d)

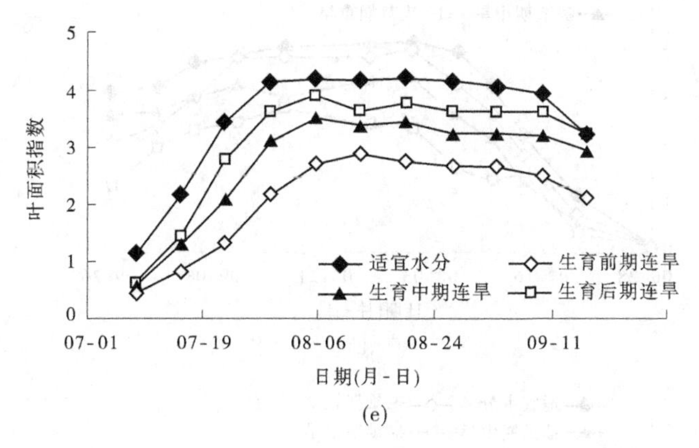
叶面积指数
5
4
3
2
1
0
07-01
07-19
08-06
08-24
09-11
日期(月-日)
适宜水分
生育前期连旱
生育中期连旱
生育后期连旱

(e)

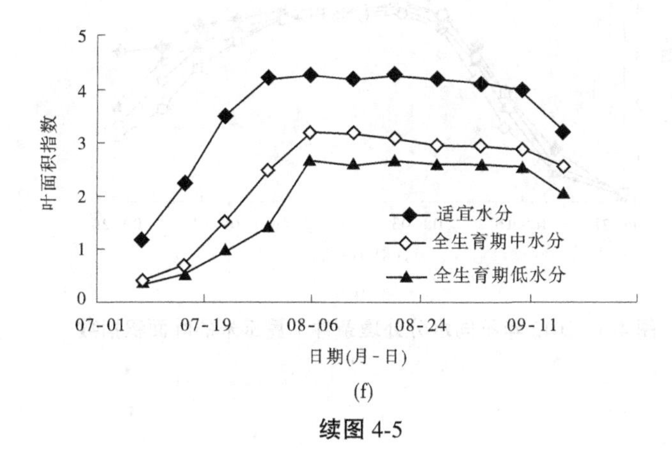
叶面积指数
5
4
3
2
1
0
07-01
07-19
08-06
08-24
09-11
日期(月-日)
适宜水分
全生育期中水分
全生育期低水分

(f)

续图 4-5

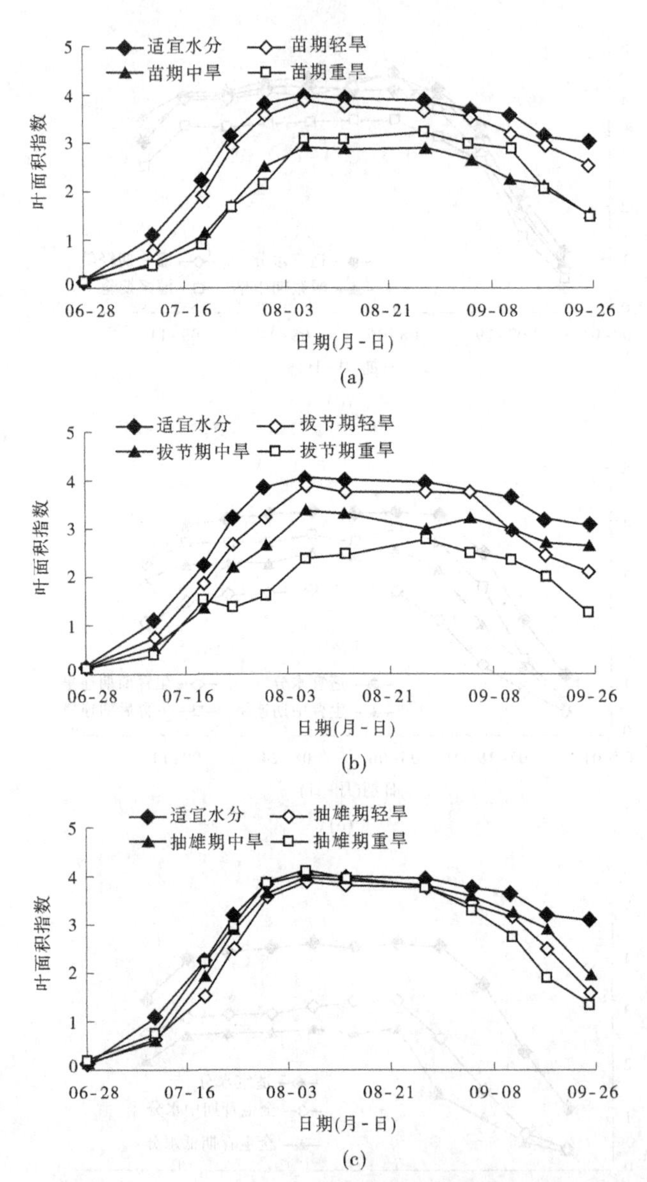

图 4-6　2012 年不同水分处理条件下夏玉米的叶面积指数

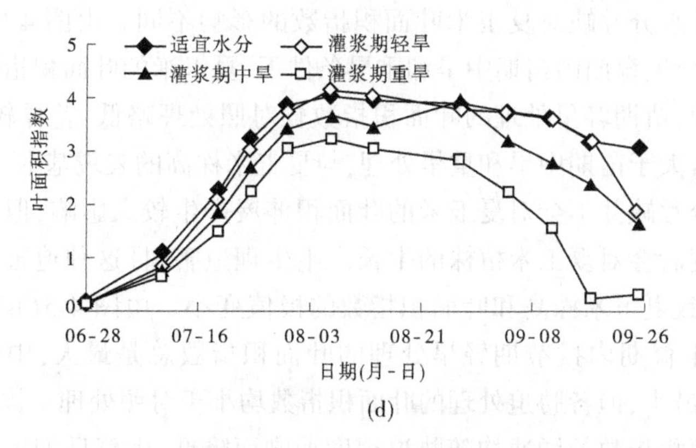
适宜水分
灌浆期轻旱
灌浆期中旱
灌浆期重旱
叶面积指数
日期(月-日)
06-28
07-16
08-03
08-21
09-08
09-26

(d)

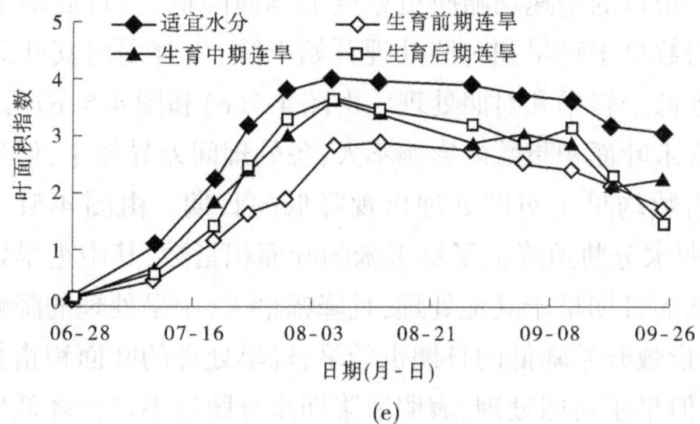
适宜水分
生育前期连旱
生育中期连旱
生育后期连旱
叶面积指数
日期(月-日)
06-28
07-16
08-03
08-21
09-08
09-26

(e)

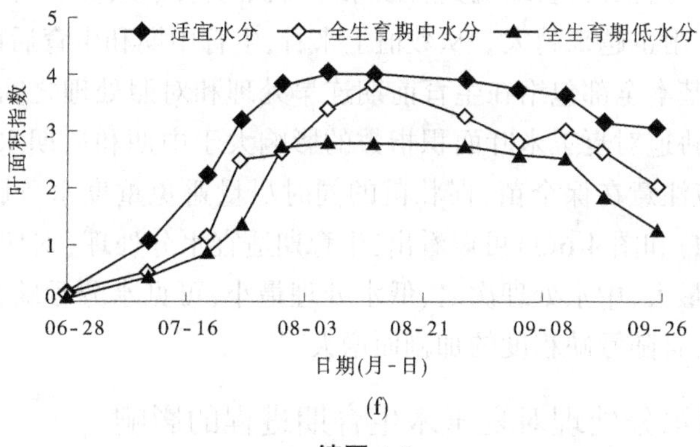
适宜水分
全生育期中水分
全生育期低水分
叶面积指数
日期(月-日)
06-28
07-16
08-03
08-21
09-08
09-26

(f)

续图 4-6

不同阶段水分亏缺对夏玉米叶面积指数的影响不同。由图 4-5(a)和图 4-6(a)可知,全生育期内苗期中旱和重旱条件下,夏玉米的叶面积指数均显著低于对照处理,苗期轻旱处理的叶面积指数较对照处理略低,差异较小,但全生育期内显著大于苗期中旱和重旱处理,与夏玉米株高的表现基本一致,可见苗期适度水分亏缺并不会对夏玉米的叶面积伸展产生较大影响,但水分亏缺达到一定程度后会对夏玉米植株的生长产生生理迫害,且这种迫害是不可逆的,将最终导致夏玉米株高和叶面积指数的极值变小。由图 4-5(b)和图 4-6(b)可知,全生育期内拔节期轻旱处理的叶面积指数总是最大,中旱处理次之,重旱处理最小,但各胁迫处理的叶面积指数均小于对照处理。拔节期各水分处理的叶面积指数的增速均随胁迫程度加剧而降低,生育后期重旱和中旱处理的叶面积指数早于轻旱和对照处理开始下降,生育期内其叶面积指数的高值持续期远远低于轻旱和对照处理。由图 4-5(c)和图 4-6(c)可知,抽雄期水分胁迫对夏玉米叶面积指数的影响不大,各处理间差异较小,但生育后期各处理的叶面积指数均早于对照处理出现降低的日期。由图 4-5(d)和图 4-6(d)可知,灌浆期水分胁迫降低了夏玉米的叶面积指数,其中重旱处理的叶面积指数出现降低的日期早于其他处理,且降幅最大,中旱处理的降幅小于重旱处理,其叶面积指数开始降低的日期也较早,轻旱处理的叶面积指数在生育末期才开始降低,但早于对照处理,表明灌浆期水分胁迫不仅会降低生育后期夏玉米的有效绿叶面积,且会缩短其有效绿叶面积的持续期,随着胁迫程度的加剧,这种影响作用也越来越大。从数值上来看,生育中期和生育后期连旱处理的叶面积指数基本全部包络在生育前期连旱处理和对照处理之间,可见生育前期连续水分胁迫对夏玉米叶面积指数的影响大于中期和后期水分胁迫,在生产实践中,应注意在保全苗,促壮苗的同时尽量避免重度水分胁迫状况出现。由图 4-5(f)和图 4-6(f)可以看出,生育期适宜水分处理(对照处理)的叶面积指数总是最大,中水处理次之,低水处理最小,可见水分亏缺会抑制夏玉米叶片的伸展,且随亏缺程度的加剧而增大。

4.1.4　不同水分处理对夏玉米生育期进程的影响

2011 年和 2012 年各水分处理条件下夏玉米的生育进程分别见表 4-7 和表 4-8。

表 4-7　2011 年不同水分处理条件下夏玉米的生育进程

处理	播种	出苗	拔节	抽雄	灌浆	收获
适宜水分	06-09	06-15	07-12	07-28	08-11	09-26
苗期轻旱	06-09	06-15	07-12	07-28	08-11	09-26
苗期中旱	06-09	06-15	07-12	07-28	08-11	09-26
苗期重旱	06-09	06-15	07-14	07-28	08-11	09-26
拔节期轻旱	06-09	06-15	07-12	07-28	08-11	09-26
拔节期中旱	06-09	06-15	07-12	07-28	08-11	09-26
拔节期重旱	06-09	06-15	07-12	07-31	08-11	09-26
抽雄期轻旱	06-09	06-15	07-12	07-28	08-11	09-26
抽雄期中旱	06-09	06-15	07-12	07-28	08-11	09-26
抽雄期重旱	06-09	06-15	07-12	07-28	08-11	09-26
灌浆期轻旱	06-09	06-15	07-12	07-28	08-11	09-26
灌浆期中旱	06-09	06-15	07-12	07-28	08-11	09-26
灌浆期重旱	06-09	06-15	07-12	07-28	08-11	09-26
生育前期连旱	06-09	06-15	07-14	08-03	08-11	09-26
生育中期连旱	06-09	06-15	07-12	07-28	08-11	09-26
生育后期连旱	06-09	06-15	07-12	07-28	08-11	09-26
全生育期中水分	06-09	06-15	07-12	07-31	08-11	09-26
全生育期低水分	06-09	06-15	07-14	08-03	08-17	09-26

表 4-8　2012 年不同水分处理条件下夏玉米的生育进程

处理	播种	出苗	拔节	抽雄	灌浆	收获
适宜水分	06-12	06-17	07-11	07-31	08-14	09-29
苗期轻旱	06-12	06-17	07-11	07-31	08-14	09-29
苗期中旱	06-12	06-17	07-12	07-31	08-14	09-29
苗期重旱	06-12	06-17	07-13	08-03	08-16	09-29
拔节期轻旱	06-12	06-17	07-11	07-31	08-14	09-29
拔节期中旱	06-12	06-17	07-11	07-31	08-14	09-29
拔节期重旱	06-12	06-17	07-11	08-03	08-16	09-29

续表 4-8

处理	播种	出苗	拔节	抽雄	灌浆	收获
抽雄期轻旱	06-12	06-17	07-11	07-31	08-14	09-29
抽雄期中旱	06-12	06-17	07-11	07-31	08-14	09-29
抽雄期重旱	06-12	06-17	07-11	07-31	08-14	09-29
灌浆期轻旱	06-12	06-17	07-11	07-31	08-14	09-29
灌浆期中旱	06-12	06-17	07-11	07-31	08-14	09-29
灌浆期重旱	06-12	06-17	07-11	07-31	08-14	09-29
生育前期连旱	06-12	06-17	07-12	08-03	08-14	09-29
生育中期连旱	06-12	06-17	07-11	08-04	08-16	09-29
生育后期连旱	06-12	06-17	07-11	07-31	08-14	09-29
全生育期中水分	06-12	06-17	07-11	08-03	08-14	09-29
全生育期低水分	06-12	06-17	07-13	08-03	08-16	09-29

第一季夏玉米在 6 月 15 日出苗后,除苗期重旱、生育前期连旱和全生育期低水分三个处理在 7 月 14 日进入拔节期外,其他处理均在 7 月 12 日开始拔节,相对早了 2 d;第二季也得到了相近的结果,可见苗期轻度和中度水分亏缺并不会对夏玉米的正常拔节产生影响,相反较严重的水分亏缺会延长苗期,推迟夏玉米拔节。2011 年拔节期重旱处理和全生育期中水分处理在 7 月 31 日开始抽雄,其他处理在 7 月 28 日即步入抽雄期,生育前期连旱处理和全生育期低水分处理最晚开始抽雄(8 月 3 日),比对照处理整整晚了 6 d,2012 年苗期和拔节期重旱处理、生育前期和中期连旱处理及全生育期水分亏缺处理开始抽雄的日期较其他处理均晚了 3~4 d,与 2011 年结果相近,说明拔节期较大的水分亏缺不利于夏玉米正常抽雄;2011 年除全生育期低水分处理在 8 月 17 日进入灌浆期外,其他处理的夏玉米均于 8 月 11 日开始灌浆,2012 年苗期和拔节期重旱处理、生育中期连旱处理和全生育期低水分处理开始灌浆的日期较其他处理晚 2 d 左右,与 2011 年结果不尽相同。综合可知,生育前期严重干旱不利于夏玉米正常拔节,但复水后能迎头赶上,全生育期低水分处理则会导致夏玉米各生育阶段的起始日期明显滞后。

4.1.5　不同水分处理对夏玉米叶片光合特性及叶绿素的影响

叶绿素含量的高低是反映叶片光合性能和叶片衰老程度的标志。2011

年不同水分处理条件下夏玉米的叶片叶绿素含量指数(CCI)见表 4-9。

表 4-9　2011 年不同水分处理条件下夏玉米的叶片叶绿素含量指数(CCI)

处理	7 月 8 日	7 月 14 日	7 月 20 日	7 月 26 日	8 月 2 日	8 月 9 日	8 月 16 日	8 月 23 日	8 月 30 日	9 月 6 日	9 月 16 日
适宜水分	41.3	45.1	47.6	51.6	60.3	65.1	72.8	69.8	65.8	58.8	44.7
苗期轻旱	35.2	44.6	48.8	48.9	62.1	63.4	68.1	71.4	63.8	56.9	33.9
苗期中旱	28.8	35.5	41.0	41.4	43.9	52.2	64.3	62.5	61.3	59.5	47.1
苗期重旱	27.0	38.6	34.5	39.7	36.6	48.0	62.3	57.4	54.8	54.9	51.4
拔节期轻旱	31.5	42.8	45.3	45.8	50.9	57.6	58.2	67.6	63.1	58.5	45.1
拔节期中旱	35.4	37.0	39.3	41.2	40.9	54.6	64.6	65.8	63.5	61.7	56.1
拔节期重旱	25.0	32.7	33.4	39.7	27.0	41.7	54.5	60.6	60.7	56.6	51.0
抽雄期轻旱	28.5	42.2	47.6	47.6	50.6	61.0	69.7	66.3	64.8	58.7	51.9
抽雄期中旱	35.5	42.8	41.7	42.1	47.3	52.0	63.1	62.3	62.1	60.1	54.5
抽雄期重旱	32.1	40.9	40.2	49.1	55.8	60.7	68.8	71.4	63.8	59.9	45.6
灌浆期轻旱	32.6	42.9	47.2	46.9	55.6	62.4	68.7	70.2	64.1	60.9	50.1
灌浆期中旱	31.7	40.4	46.2	54.0	62.5	69.3	76.5	75.2	69.2	62.1	51.6
灌浆期重旱	35.2	39.2	48.3	44.4	62.2	64.9	74.2	74.3	65.2	62.5	56.4
生育前期连旱	23.1	28.6	31.9	31.7	34.6	42.2	59.1	55.6	57.6	58.4	48.1
生育中期连旱	30.3	41.6	46.4	43.5	50.9	55.6	65.9	65.1	61.6	56.4	51.4
生育后期连旱	38.1	39.0	48.4	44.1	56.7	62.4	71.2	71.1	67.4	65.4	49.0
全生育期中水分	24.2	33.4	38.4	39.5	39.7	47.7	58.5	61.3	58.4	57.1	51.9
全生育期低水分	24.2	37.4	29.6	34.7	30.9	41.6	59.9	57.2	55.3	55.8	44.3

由表中数据可以看出,整个生育期内的 CCI 总体呈单峰曲线变化,即随着生育期的推进,CCI 逐渐变大,在 8 月 25 日前后(灌浆期)达到峰值,之后开始

下降,且生育后期下降幅度不大。不同阶段不同水分亏缺程度对叶片叶绿素含量指数的影响不同,全生育期适宜水分处理的CCI值最大,全生育期中水分处理次之,全生育期低水分处理最小,说明水分亏缺会使夏玉米生育期内的CCI明显降低,水分亏缺程度越大,降幅也越大。苗期和拔节期水分亏缺对CCI的影响较大,抽雄期和灌浆期水分亏缺对CCI的影响则较小,且苗期和拔节期水分亏缺越严重,CCI值就越小。生育阶段连旱处理条件下,其CCI的表现大多为:前期连旱<中期连旱<后期连旱。通过适宜水分与后期连旱处理之间的比较发现,后期连旱处理的CCI值仅比适宜水分处理降低1.6%,同时进一步说明了,影响CCI值的关键水分期在苗期和拔节期。

2012年不同生育阶段水分亏缺条件下夏玉米的光合特性及叶绿素含量见表4-10~表4-12。

表4-10 苗期水分亏缺条件下夏玉米的光合特性及叶绿素含量

处理	胞间二氧化碳浓度/(μmol/mol)	气孔导度/[mol/(m^2·s)]	叶绿素含量指数	光合速率/[μmolCO_2/(m^2·s)]	蒸腾速率/[mmol/(m^2·s)]	水分利用效率/(μmolCO_2/mmolH_2O)
对照处理	181	4.97	31.82	37.57	1.40	26.77
苗期轻旱	117	4.78	32.13	41.07	2.99	13.75
苗期中旱	248	0.69	26.48	22.63	3.26	6.94
苗期重旱	227	1.07	24.39	15.53	2.37	6.54
生育前期连旱	85	0.97	29.80	28.83	2.00	14.39
全生育期中水分	247	0.71	25.12	16.03	2.30	6.97
全生育期低水分	262	3.87	24.84	16.13	2.24	7.20

表4-11 拔节期水分亏缺条件下夏玉米的光合特性及叶绿素含量

处理	胞间二氧化碳浓度/(μmol/mol)	气孔导度/[mol/(m²·s)]	叶绿素含量指数	光合速率/[$\mu molCO_2$/(m²·s)]	蒸腾速率/[mmol/(m²·s)]	水分利用效率(μmolCO_2/mmolH_2O)
对照处理	151	1.24	60.32	44.66	4.72	9.47
拔节期轻旱	238	2.02	51.32	44.20	10.14	4.36
拔节期中旱	258	1.62	50.52	46.55	11.10	4.19
拔节期重旱	245	2.16	55.94	45.06	11.29	3.99
生育前期连旱	225	3.13	48.77	40.59	11.63	3.49
生育中期连旱	187	2.57	39.73	36.18	10.07	3.59
全生育期中水分	210	1.87	50.29	38.31	10.33	3.71
全生育期低水分	202	1.93	52.65	25.43	8.24	3.09

表4-12 灌浆期水分亏缺条件下夏玉米的光合特性及叶绿素含量

处理	胞间二氧化碳浓度/(μmol/mol)	气孔导度/[mol/(m²·s)]	叶绿素含量指数	光合速率/[$\mu molCO_2$/(m²·s)]	蒸腾速率/[mmol/(m²·s)]	水分利用效率/(μmolCO_2/mmolH_2O)
对照处理	220	0.13	65.98	32.04	3.90	8.22

续表 4-12

处理	胞间二氧化碳浓度/(μmol/mol)	气孔导度/[mol/(m^2 · s)]	叶绿素含量指数	光合速率/[μmolCO_2/(m^2 · s)]	蒸腾速率/[mmol/(m^2 · s)]	水分利用效率/(μmolCO_2/mmolH_2O)
灌浆期轻旱	232	0.20	68.99	28.08	5.30	5.30
灌浆期中旱	204	0.20	70.29	19.38	4.38	4.43
灌浆期重旱	234	0.07	65.17	6.95	2.96	2.35
生育前期连旱	224	0.09	63.11	34.41	8.38	4.11
生育中期连旱	222	0.08	59.66	24.68	7.31	3.38
生育后期连旱	233	0.15	63.29	34.32	9.00	3.81
全生育期中水分	223	0.26	65.60	27.85	8.35	3.34
全生育期低水分	185	0.15	56.40	18.72	5.95	3.15

苗期光合作用采用 CIRAS-1 便携式光合仪进行测定。由表 4-10 可知，苗期轻旱处理夏玉米叶片的胞间二氧化碳浓度(C_i)、气孔导度(G_s)和水分利用效率(WUE)均出现不同程度的降低，叶绿素含量指数(CCI)、光合速率(P_n)和蒸腾速率(T_r)则小幅升高，可见苗期轻旱并不会对夏玉米的光合作用产生较大影响，但会使其蒸腾作用进一步加强；中旱和重旱处理条件下夏玉米叶片的 C_i、G_s、CCI、P_n 和 WUE 均表现为降低，其中重旱处理的降幅较大。生育前期连旱处理各光合指标的表现与苗期轻旱处理相近，全生育期中水分处理和全生育期低水分处理各光合指标的表现与苗期中旱和重旱处理的表现比

较相近。苗期中旱和重旱处理使夏玉米叶片的 P_n 降低，C_i 和 T_r 增大，表明苗期中度以上的水分胁迫会对夏玉米的光合作用产生较大影响，此期非气孔因素已成为夏玉米光合作用的主要限制因子。

由于电池故障，故在拔节期和灌浆期选择 Lci 便携式光合仪代替 CIRAS-1 便携式光合仪对夏玉米的光合作用进行测定。由表 4-11 可知，拔节期不同干旱处理条件下各生理指标间差异不大，没有明显的趋势性变化。其中全生育期低水分处理和生育中期连旱处理的 P_n 值显著低于其他处理的，出现这种情况可能与观测日期和上次灌水日期间隔较短，部分处理水分胁迫程度尚浅有关。此外，拔节期水分胁迫复水后夏玉米的光合作用和蒸腾作用均迅速恢复至正常水平，表现出较强的生理恢复能力，这也恰恰是夏玉米抗旱性较强的具体体现。由表 4-12 可知，灌浆期夏玉米叶片的 P_n 和 WUE 均随水分胁迫的加剧而逐渐降低，T_r 则普遍升高。其中重旱处理的 G_s 较对照小幅降低，中旱和重旱处理则小幅增加。连旱处理条件下，前期连旱和后期连旱处理的 P_n 在数值上较对照处理均增加了 5 $\mu molCO_2/(m^2 \cdot s)$ 左右，中期连旱处理则小幅降低，各连旱处理的 T_r 间差异不大，但均大于对照处理。因此，我们估计，灌浆期夏玉米的光合作用受拔节前期水分胁迫影响不大，这可能与此期处于夏玉米的生育后期，各功能器官的活性有所降低有关。

4.1.6 不同水分处理条件下夏玉米的耗水特性分析

本研究采用水量平衡法计算作物耗水量。水量平衡方程为：

$$\Delta S = (P + I + C) - (E + T + R + D) \tag{4-1}$$

式中 ΔS——计划湿润层内土壤水分变化，mm；

P、I——生育期内的降水量和灌水量，mm；

C——进入根层的毛管上升水量，mm；

E、T——土壤蒸发量和植物蒸腾量，mm；

R、D——地表径流量和土层下边界渗漏量，mm。

本试验在带有大型自动防雨棚的测坑内进行，地表径流和降水均忽略不计，测坑内土层厚度为 2 m，地下水渗漏量可以测定，全生育期内渗漏量测定结果为 0，作物生长所需水分主要由农田灌溉来供应，进入根层的毛管上升水量和土层下边界渗漏量也不计。所以，夏玉米的阶段实际耗水量简化为：

$$ET = \Delta S + I \tag{4-2}$$

2011 年和 2012 年不同水分处理条件下夏玉米的阶段耗水量、日耗水强度和耗水模系数分别见表 4-13 和表 4-14。

表4-13 2011年不同水分亏缺条件下夏玉米的阶段耗水量及总耗水量

处理项目		阶段耗水量				总耗水量
		播种—拔节	拔节—抽雄	抽雄—灌浆	灌浆—成熟	
适宜水分	阶段耗水量/mm	134.08	135.72	67.52	74.91	412.23
	日耗水强度/(mm/d)	4.06	6.17	4.82	2.14	3.96
	耗水模系数/%	32.5	32.9	16.4	18.2	100
苗期轻旱	阶段耗水量/mm	92.43	90.14	62.37	79.70	324.63
	日耗水强度/(mm/d)	2.80	4.10	4.45	2.28	3.12
	耗水模系数/%	28.5	27.8	19.2	24.5	100
苗期中旱	阶段耗水量/mm	58.95	106.75	64.63	86.60	316.93
	日耗水强度/(mm/d)	1.79	4.85	4.62	2.47	3.05
	耗水模系数/%	18.6	33.7	20.4	27.3	100
苗期重旱	阶段耗水量/mm	38.56	61.74	44.33	87.57	232.20
	日耗水强度/(mm/d)	1.17	2.81	3.17	2.50	2.23
	耗水模系数/%	16.6	26.6	19.1	37.7	100
拔节期轻旱	阶段耗水量/mm	132.29	84.74	40.11	70.22	327.35
	日耗水强度/(mm/d)	4.01	3.85	2.86	2.01	3.15
	耗水模系数/%	40.4	25.9	12.3	21.5	100
拔节期中旱	阶段耗水量/mm	101.40	57.58	22.39	81.11	262.48
	日耗水强度/(mm/d)	3.07	2.62	1.60	2.32	2.52
	耗水模系数/%	38.6	21.9	8.5	30.9	100
拔节期重旱	阶段耗水量/mm	100.03	46.54	9.24	82.30	238.11
	日耗水强度/(mm/d)	3.03	2.12	0.66	2.35	2.29
	耗水模系数/%	42.0	19.5	3.9	34.6	100
抽雄期轻旱	阶段耗水量/mm	127.66	120.08	55.51	76.85	380.10
	日耗水强度/(mm/d)	3.87	5.46	3.97	2.20	3.65
	耗水模系数/%	33.6	31.6	14.6	20.2	100

续表 4-13

处理项目		阶段耗水量				总耗水量
		播种—拔节	拔节—抽雄	抽雄—灌浆	灌浆—成熟	
抽雄期中旱	阶段耗水量/mm	140.88	73.82	29.08	46.19	289.97
	日耗水强度/(mm/d)	4.27	3.36	2.08	1.32	2.79
	耗水模系数/%	48.6	25.5	10.0	15.9	100
抽雄期重旱	阶段耗水量/mm	119.01	89.22	20.09	29.57	257.89
	日耗水强度/(mm/d)	3.61	4.06	1.43	0.84	2.48
	耗水模系数/%	46.1	34.6	7.8	11.5	100
灌浆期轻旱	阶段耗水量/mm	143.83	119.30	53.84	62.55	379.53
	日耗水强度/(mm/d)	4.36	5.42	3.85	1.79	3.65
	耗水模系数/%	37.9	31.4	14.2	16.5	100
灌浆期中旱	阶段耗水量/mm	126.92	121.86	51.25	71.94	371.97
	日耗水强度/(mm/d)	3.85	5.54	3.66	2.06	3.58
	耗水模系数/%	34.1	32.8	13.8	19.3	100
灌浆期重旱	阶段耗水量/mm	124.82	118.92	62.82	64.17	370.72
	日耗水强度/(mm/d)	3.78	5.41	4.49	1.83	3.56
	耗水模系数/%	33.7	32.1	16.9	17.3	100
生育前期连旱	阶段耗水量/mm	79.03	56.29	34.54	89.49	259.34
	日耗水强度/(mm/d)	2.39	2.56	2.47	2.56	2.49
	耗水模系数/%	30.5	21.7	13.3	34.5	100
生育中期连旱	阶段耗水量/mm	118.36	114.74	23.39	75.11	331.61
	日耗水强度/(mm/d)	3.59	5.22	1.67	2.15	3.19
	耗水模系数/%	35.7	34.6	7.1	22.6	100
生育后期连旱	阶段耗水量/mm	139.31	115.58	44.53	11.53	310.95
	日耗水强度/(mm/d)	4.22	5.25	3.18	0.33	2.99
	耗水模系数/%	44.8	37.2	14.3	3.7	100

续表 4-13

处理项目		阶段耗水量				总耗水量
		播种—拔节	拔节—抽雄	抽雄—灌浆	灌浆—成熟	
全生育期中水分	阶段耗水量/mm	87.03	75.58	32.17	78.31	273.09
	日耗水强度/(mm/d)	2.64	3.44	2.30	2.24	2.63
	耗水模系数/%	31.9	27.7	11.8	28.7	100
全生育期低水分	阶段耗水量/mm	87.90	21.11	26.37	60.33	195.70
	阶段耗水强度/mm	2.66	0.96	1.88	1.72	1.88
	耗水核系数/%	44.9	10.8	13.5	30.8	100

表 4-14 2012 年不同水分亏缺条件下夏玉米的阶段耗水量及总耗水量

处理项目		阶段耗水量				总耗水量
		播种—拔节	拔节—抽雄	抽雄—灌浆	灌浆—成熟	
适宜水分	阶段耗水量/mm	131.15	129.16	70.18	134.73	465.22
	日耗水强度/(mm/d)	3.97	5.87	5.01	3.37	4.27
	耗水模系数/%	28.19	27.76	15.09	28.96	100
苗期轻旱	阶段耗水量/mm	110.60	121.44	71.00	123.78	426.81
	日耗水强度/(mm/d)	3.35	5.52	5.07	3.09	3.92
	耗水模系数/%	25.91	28.45	16.63	29.00	100
苗期中旱	阶段耗水量/mm	48.83	115.37	76.04	152.70	392.96
	日耗水强度/(mm/d)	1.48	5.24	5.43	3.82	3.61
	耗水模系数/%	12.43	29.36	19.35	38.86	100
苗期重旱	阶段耗水量/mm	53.22	82.59	73.79	147.15	356.75
	日耗水强度/(mm/d)	1.61	3.75	5.27	3.68	3.27
	耗水模系数/%	14.92	23.15	20.68	41.25	100

续表 4-14

处理项目		阶段耗水量				总耗水量
		播种—拔节	拔节—抽雄	抽雄—灌浆	灌浆—成熟	
拔节期轻旱	阶段耗水量/mm	101.68	101.73	67.13	127.13	397.67
	日耗水强度/(mm/d)	3.08	4.62	4.79	3.18	3.65
	耗水模系数/%	25.57	25.58	16.88	31.97	100
拔节期中旱	阶段耗水量/mm	89.28	95.45	53.36	110.94	349.03
	日耗水强度/(mm/d)	2.71	4.34	3.81	2.77	3.20
	耗水模系数/%	25.58	27.35	15.29	31.79	100
拔节期重旱	阶段耗水量/mm	98.38	72.00	64.23	119.87	354.47
	日耗水强度/(mm/d)	2.98	3.27	4.59	3.00	3.25
	耗水模系数/%	27.75	20.31	18.12	33.82	100
抽雄期轻旱	阶段耗水量/mm	88.60	124.60	46.57	122.30	382.07
	日耗水强度/(mm/d)	2.68	5.66	3.33	3.06	3.51
	耗水模系数/%	23.19	32.61	12.19	32.01	100
抽雄期中旱	阶段耗水量/mm	107.24	113.90	23.66	105.37	350.17
	日耗水强度/(mm/d)	3.25	5.18	1.69	2.63	3.21
	耗水模系数/%	30.63	32.53	6.76	30.09	100
抽雄期重旱	阶段耗水量/mm	97.17	128.16	46.71	88.96	361.01
	日耗水强度/(mm/d)	2.94	5.83	3.34	2.22	3.31
	耗水模系数/%	26.92	35.50	12.94	24.64	100
灌浆期轻旱	阶段耗水量/mm	129.28	130.41	39.68	124.76	424.13
	日耗水强度/(mm/d)	3.92	5.93	2.83	3.12	3.89
	耗水模系数/%	30.48	30.75	9.36	29.42	100
灌浆期中旱	阶段耗水量/mm	62.10	160.31	31.80	115.70	369.91
	日耗水强度/(mm/d)	1.88	7.29	2.27	2.89	3.39
	耗水模系数/%	16.79	43.34	8.60	31.28	100

续表 4-14

处理项目		阶段耗水量				总耗水量
		播种—拔节	拔节—抽雄	抽雄—灌浆	灌浆—成熟	
灌浆期重旱	阶段耗水量/mm	63.91	154.41	66.52	38.25	323.09
	日耗水强度/(mm/d)	1.94	7.02	4.75	0.96	2.96
	耗水模系数/%	19.78	47.79	20.59	11.84	100
生育前期连旱	阶段耗水量/mm	66.32	101.78	57.24	135.79	361.12
	日耗水强度/(mm/d)	2.01	4.63	4.09	3.39	3.31
	耗水模系数/%	18.37	28.18	15.85	37.60	100
生育中期连旱	阶段耗水量/mm	68.98	90.87	37.86	87.39	285.10
	日耗水强度/(mm/d)	2.09	4.13	2.70	2.18	2.62
	耗水模系数/%	24.20	31.87	13.28	30.65	100
生育后期连旱	阶段耗水量/mm	100.86	116.54	49.11	97.59	364.10
	日耗水强度/(mm/d)	3.06	5.30	3.51	2.44	3.34
	耗水模系数/%	27.70	32.01	13.49	26.80	100
全生育期中水分	阶段耗水量/mm	74.82	86.51	47.05	86.39	294.78
	日耗水强度/(mm/d)	2.27	3.93	3.36	2.16	2.70
	耗水模系数/%	25.38	29.35	15.96	29.31	100
全生育期低水分	阶段耗水量/mm	49.39	128.27	47.81	65.80	291.27
	日耗水强度/(mm/d)	1.50	5.83	3.42	1.65	2.67
	耗水模系数/%	16.96	44.04	16.42	22.59	100

由表 4-13 和表 4-14 可知，随着生育进程的推进，各水分处理的阶段耗水量基本表现出升高→降低→升高的双峰曲线变化。2011 年和 2012 年全生育期内夏玉米的总耗水量分别在 195.70~412.23 mm 和 285.10~465.22 mm，存

在一定的年季差异,不同水分处理条件下适宜水分处理(对照处理)的总耗水量总是最大,随着胁迫程度的加剧,其总耗水量也普遍降低。苗期干旱和灌浆期干旱处理的总耗水量和日耗水强度均表现为:轻旱处理>中旱处理>重旱处理,拔节期干旱和抽雄期干旱处理条件下轻旱处理的总耗水量和日耗水强度均大于中旱和重旱处理的,而中度和重度干旱处理间差异则较小。全生育期中水分和全生育期低水分处理的总耗水量及日耗水强度间差异也较小,但均显著小于对照处理。2011年生育前期连旱处理的总耗水量最小,显著小于生育中期连旱处理,2012年生育前期连旱处理和生育后期连旱处理的总耗水量在361.12~364.10 mm,日耗水强度在3.31~3.34 mm/d,处理间差异极小,但均显著大于生育中期连旱处理。

本试验中,各生育阶段内的水分胁迫使夏玉米的阶段耗水量和日耗水强度较对照处理均普遍降低,其中轻旱处理的降幅均最小,重旱处理的降幅最大,2012年抽雄期轻旱处理和重旱处理的阶段耗水量均显著大于中旱处理的,与其他处理的表现不同,出现这种情况可能与试验设计有关。拔节期复水后,苗期各水分处理的阶段耗水量和日耗水强度均大幅提升,各处理与对照处理间的绝对差值变小,其中苗期中旱处理的增幅最为明显,重旱处理则增幅较小,可能该处理条件下的夏玉米所受水分胁迫程度较深,部分生理功能受水分胁迫严重,复水后不能在短期内完全恢复。灌浆期复水后,抽雄期各水分处理的阶段耗水量和日耗水强度也大幅提高,其中重旱处理的增幅最小,轻旱处理和中旱处理的增幅较大,与苗期各水分处理在拔节期复水后的表现相近。对照处理的各阶段耗水量总是大于全生育期中水分和全生育期低水分处理的,低水分处理的各阶段耗水量(除拔节期)均最小,梯度变化规律明显,而全生育期低水分处理在拔节期的阶段耗水量较大可能与此期灌水较为集中有关。对比连旱处理的各阶段耗水量可知,生育前期连旱处理和生育后期连旱处理的阶段耗水量和日耗水强度较对照处理均有所降低,但降幅有限,这可能与生育前期地面蒸发是夏玉米耗水的主要组成部分,用于植株蒸腾和生长的水量较小,而生育后期夏玉米的生长活性受到抑制,叶片部分生理功能逐渐衰弱,蒸腾耗水能力逐渐降低有关。

4.1.7　夏玉米产量性状及其构成因子研究

不同水分处理条件下夏玉米的籽粒产量及其构成因素见表4-15和表4-16。

表 4-15 2011 年不同水分处理条件下夏玉米的籽粒产量及其构成因素

处理	穗长/cm	穗粗/cm	穗行数	突尖长/cm	穗粒重/kg	百粒重/g	亩产量/kg
适宜水分	17.00a	5.20ab	14.27a	0.47f	0.173a	34.25a	693a
苗期轻旱	15.77abc	5.00bcde	13.60a	1.30bcdef	0.131cde	29.13cd	524cde
苗期中旱	15.87abc	4.97cdef	13.73a	1.80abcd	0.117ef	26.46e	468ef
苗期重旱	14.8bcd	5.00bcde	13.73a	2.67a	0.085g	24.63f	339g
拔节期轻旱	15.7abc	4.97cdef	14.13a	1.03def	0.125de	29.80cd	501de
拔节期中旱	15.33abc	4.78f	14.67a	0.83ef	0.129cde	28.75d	517cde
拔节期重旱	14.67cd	5.15abc	13.87a	1.00def	0.096g	27.06e	385g
抽雄期轻旱	15.83abc	5.08abcd	14.27a	0.83ef	0.138cde	30.57bc	551cde
抽雄期中旱	15.7abc	4.78f	14.27a	0.93def	0.134cde	29.69cd	535cde
抽雄期重旱	15.83abc	5.15abc	14.40a	1.47bcde	0.120e	30.14bcd	481e
灌浆期轻旱	16.23abc	5.12abc	13.87a	1.13cdef	0.131cde	30.55bc	525cde
灌浆期中旱	16.53ab	5.07abcd	13.73a	0.57ef	0.168ab	33.23a	671ab
灌浆期重旱	16.73a	5.23a	14.00a	0.93def	0.150bc	31.63b	601bc
生育前期连旱	14.9bcd	4.80ef	13.73a	2.20ab	0.081g	26.13ef	325g
生育中期连旱	15.7abc	5.25a	14.13a	0.67ef	0.145cd	30.37bcd	579cd
生育后期连旱	16.23abc	5.17abc	13.87a	0.80ef	0.145cd	29.81cd	581cd
全生育期中水分	15.93abc	4.87def	13.60a	2.10ab	0.101fg	25.77ef	404fg
全生育期低水分	13.67d	4.54g	14.67a	1.97abc	0.061h	22.16g	245h

注:采用 DPS 软件的 Duncan 新复极差法进行多重比较,表中以小写字母标记 5%显著水平,字母相同表示差异不显著,字母不同表示差异显著,下同。

表 4-16　2012 年不同水分处理条件下夏玉米的籽粒产量及其构成因素

处理	穗长/cm	穗粗/cm	穗行数	突尖长/cm	穗粒数/粒	百粒重/g	亩产量/kg
适宜水分	17. 17abc	5. 28a	13. 73b	0. 43ab	441abc	38. 02a	671a
苗期轻旱	16. 87abcde	5. 25a	13. 87b	0. 99ab	422abcde	37. 78a	638abcd
苗期中旱	17. 17abc	5. 13ab	13. 60b	0. 42ab	430abcde	36. 17abcd	622abcd
苗期重旱	16. 49abcde	5. 13ab	13. 87b	1. 02ab	412abcdef	32. 63efg	538cdefg
拔节期轻旱	17. 49a	5. 27a	14. 67b	0. 26b	475a	34. 26cdefg	651ab
拔节期中旱	16. 77abcde	5. 17ab	14. 93b	1. 18a	435abcd	33. 73defg	587abcdef
拔节期重旱	16. 28abcde	5. 09ab	14. 67b	0. 95ab	430abcde	32. 04fg	552bcdefg
抽雄期轻旱	15. 83bcde	5. 28a	15. 33b	0. 29b	422abcde	34. 55cdef	583abcdef
抽雄期中旱	16. 34abcde	5. 25a	14. 40b	0. 76ab	444ab	36. 07abcd	641abc
抽雄期重旱	15. 53cde	5. 07abc	14. 00b	0. 66ab	393bcdef	33. 72cdefg	530defg
灌浆期轻旱	16. 97abcd	5. 25a	13. 33b	0. 48ab	455ab	37. 99a	692a
灌浆期中旱	17. 07abcd	5. 24a	14. 53b	0. 95ab	436abcd	35. 04bcde	611abcde
灌浆期重旱	15. 33e	4. 82c	13. 33b	0. 65ab	367ef	31. 70g	465g
生育前期连旱	15. 73bcde	4. 96bc	13. 60b	1. 09a	357f	34. 22cdefg	489fg
生育中期连旱	15. 72bcde	4. 95bc	14. 53b	1. 15a	374def	34. 62cdef	517efg
生育后期连旱	16. 51abcde	5. 28a	14. 93b	0. 67ab	429abcde	37. 56ab	644ab
全生育期中水分	17. 30ab	5. 21ab	14. 00b	1. 09a	426abcde	36. 99abc	630abcd
全生育期低水分	15. 77bcde	5. 03abc	14. 00b	0. 69ab	379cdef	32. 98efg	500fg

夏玉米的穗长受土壤水分的影响,处理间极差为3.33 cm(2011年)和2.16 cm(2012年)。两年试验数据均显示,夏玉米各生育阶段内一定程度的水分胁迫并不会对其穗长产生较大影响。其中2011年苗期和拔节期重旱处理、生育前期连旱处理和全生育期低水分处理的穗长显著小于适宜水分处理(对照处理)的,其他处理则与对照处理间差异不显著;2012年苗期和拔节期干旱处理的穗长与对照处理间不存在显著差异,可见拔节前水分胁迫复水后并不会对夏玉米的穗长产生较大影响。灌浆期重度干旱处理的穗长显著低于轻旱处理、中旱处理和对照处理的,表明灌浆期严重亏水会对夏玉米的穗部性状尤其是穗长产生较大影响。全生育期中水分处理的穗长与全生育期低水分和对照处理间差异不显著,但全生育期低水分处理的穗长显著低于对照处理的。2011年和2012年夏玉米的穗粗分别为4.54~5.25 cm和4.82~5.28 cm,且存在处理间差异。2011年苗期和拔节期干旱处理、生育前期连旱处理及全生育期胁迫处理的穗粗显著小于对照处理,2012年则表现不同,其中苗期干旱处理、拔节期干旱处理、抽雄期干旱处理和全生育期胁迫处理对夏玉米穗粗的影响均较小,与对照处理间均无显著差异,与2012年夏玉米穗长的表现相近。灌浆期重旱处理的穗粗显著小于轻旱处理、中旱处理和对照处理的,后期连旱处理的穗粗则显著小于前期连旱处理、中期连旱处理和对照处理的,表明生育后期,尤其是灌浆期严重亏水会对夏玉米的穗部性状产生较大影响,且最终会影响到籽粒灌浆及产量形成。夏玉米的行数对水分胁迫不敏感,两两处理间差异均不显著。夏玉米的突尖长普遍小于2 cm,其中2012年各处理的突尖长在数值上普遍小于2011年的,表现出一定的年际差异,2012年拔节期轻旱处理和抽雄期轻旱处理的突尖长均显著小于拔节期中旱处理、生育前期连旱处理、生育中期连旱处理和全生育期中水分处理的,其他各两两处理间差异均不显著。苗期干旱、拔节期干旱、抽雄期干旱和全生育期水分胁迫处理的穗粒数与对照处理间差异均不显著,灌浆期轻旱处理和中旱处理的穗粒数与对照处理间无显著差异,但显著大于重旱处理的,生育阶段连旱处理条件下各处理穗粒数的表现为:对照处理>后期连旱处理>中期连旱处理>前期连旱处理,其中前期连旱处理和中期连旱处理与对照处理间差异显著,且前期连旱处理的穗粒数显著小于后期连旱处理的,可见生育前中期连续干旱也会对灌浆期夏玉米的穗粒数产生较大影响,干旱开始得越早,持续时间越久,对籽粒灌浆越不利。由表4-15和表4-16可知,不同水分处理条件下夏玉米的百粒重表现不同,但对照处理的百粒重总是最大。2011年和2012年苗期和拔节期干旱处理及生育期内水分胁迫处理的百粒重均随干旱程度的加剧而降低,

2011 年灌浆期中旱处理的百粒重最大,重旱处理次之,轻旱处理最小;2012 年则表现为轻旱处理最大,重旱处理最小,且处理间差异显著。2012 年生育后期连旱处理的百粒重显著大于生育前期连旱和生育中期连旱处理的,生育前期连旱处理与生育中期连旱处理间差异不显著。可见,夏玉米的百粒重受土壤水分影响较大,各生育阶段不同程度的水分胁迫都会对夏玉米的百粒重产生一定的影响,随胁迫程度的加剧,其百粒重也呈减小趋势。

2011~2012 年适宜水分处理条件下两季夏玉米的籽粒产量均明显高于其他处理,亩产在 670 kg 以上。各生育阶段内,不同程度的水分胁迫都会对夏玉米的籽粒产量产生影响,且全生育期内水分胁迫程度越严重,其籽粒产量也越低。2011 年苗期干旱处理、抽雄期干旱处理及全生育期胁迫处理的籽粒产量均随胁迫程度加剧而降低,且苗期各干旱处理及生育期内各胁迫处理的籽粒产量间均存在显著差异,拔节期和灌浆期干旱处理的籽粒产量则均表现为中旱处理最大,2012 年苗期各干旱处理的籽粒产量间差异不显著,且苗期轻旱处理和中旱处理的籽粒产量均与对照处理间差异不显著,苗期重旱处理则显著小于对照处理,可见苗期适度亏水并不会显著降低夏玉米的籽粒产量。拔节期各干旱处理的表现与苗期干旱处理的表现相似,拔节期轻旱处理和拔节期中旱处理的籽粒产量均小于对照处理,但与对照处理间差异不显著,拔节期重旱处理则显著小于对照处理。抽雄期中旱处理的籽粒产量最大,抽雄期轻旱处理次之,抽雄期重旱处理最小,且其籽粒产量显著低于抽雄期中旱处理的,夏玉米的籽粒产量并没有随干旱程度的加剧而降低的变化,出现这种情况可能与夏玉米抽雄期短,相应地其所受土壤水分胁迫的时期较短有关,也可能是该品种特性的真实反映,有必要通过进一步研究验证。灌浆期是夏玉米籽粒产量形成的关键时期,本试验中,灌浆期重旱处理显著降低了夏玉米的籽粒产量,灌浆期轻旱处理和灌浆期中旱处理也有所降低,但与对照处理间差异不显著。全生育期中水分处理的亩产量较对照处理降低了约 42 kg,全生育期低水分处理则降低了 171 kg 之多,结合灌浆期各干旱处理的表现不难得出,灌浆期是夏玉米对土壤水分最敏感的时期,此期严重亏水最易造成严重减产,在生产实践中应首先避免灌浆期严重干旱现象的出现。

4.1.8　夏玉米耗水量与产量的关系研究

4.1.8.1　夏玉米产量与全生育期耗水量之间的关系

不同水分处理条件下夏玉米的籽粒产量与耗水量的关系见图 4-7。

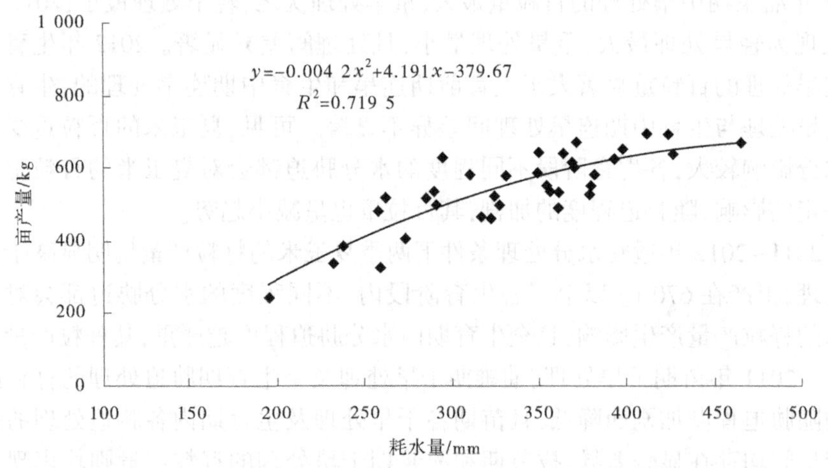

图 4-7 不同水分处理条件下夏玉米籽粒产量与耗水量关系

由图 4-7 可以看出,夏玉米的籽粒产量与耗水量呈二次函数关系,随着耗水量的增加,其籽粒产量也不断增加,但增大到一定程度,即最大值时,产量则会随耗水量增加而降低,其关系式为:

$$y = -0.004\ 2x^2 + 4.191x - 379.67, R^2 = 0.719\ 5 \tag{4-3}$$

式中 y——夏玉米亩产量,kg;

x——夏玉米的总耗水量(ET),mm。

对公式(4-3)两边求导,并令 $dy/dx=0$,得出当夏玉米的耗水量为 498.9 mm 时,夏玉米产量达到最大值,此时夏玉米的籽粒产量约为 666 kg/亩。由此可以看出,当耗水量小于 498.9 mm 时,夏玉米的籽粒产量随耗水量的增加而增加;当耗水量大于 498.9 mm 时,夏玉米的产量随耗水量的增加而降低。

4.1.8.2 夏玉米产量水平水分利用效率

2011~2012 年两季夏玉米在不同水分亏缺处理条件下的水分利用效率(WUE)见表 4-17。从数值上看,不同水分处理条件下,2011 年适宜水分处理(对照处理)的 WUE 低于拔节期中旱和灌浆期中旱处理、抽雄期中旱和抽雄期重旱处理及生育中/后期连旱处理,但高于其他处理,2012 年夏玉米的 WUE 普遍高于对照处理。2011 年全生育期中水分和全生育期低水分处理的产量、耗水量及 WUE 均小于对照处理,2012 年全生育期中水分和全生育期低水分处理的 WUE 大于对照处理,其全生育期中水分处理的 WUE 最高,为 3.21 kg/m^3,这主要是因为全生育期中水分处理的夏玉米产量较对照处理仅降低了约 41 kg/亩,其耗水量则降低了 170 mm 之多,故其 WUE 也显著提高。

苗期水分亏缺处理条件下,2011年苗期轻旱处理、苗期中旱处理和苗期重旱处理的WUE均小于对照处理,2012年则表现相反,苗期中旱处理最高,苗期轻旱处理最低,其中苗期重旱处理的产量和耗水量均低于苗期轻旱处理,其WUE则较苗期轻旱处理高,这是由于其耗水量和产量较苗期轻旱处理协同降低的同时,产量的降幅是耗水量大造成的。其中苗期轻度亏水的产量和耗水量较对照处理分别降低了约4.92%和8.12%,其WUE则提高了约3.70%,而中度亏水的产量和耗水量则分别降低了约7.30%和15.48%,WUE提高了约9.72%,可见苗期适度亏水并不会对夏玉米的产量产生较大影响,但会明显降低其耗水量,进而使其WUE小幅提高。2012年拔节期水分亏缺处理条件下各处理的产量、耗水量和WUE的表现与苗期相应水分处理的表现一致,中旱处理的WUE最大,轻旱处理的WUE最小。不同的是拔节期中旱处理的产量较对照处理降低了约12.52%,而拔节期轻旱处理仅降低了约2.98%,可见拔节期轻度亏水并不会使产量显著降低,而水分亏缺达到中度时会使产量大幅降低,对于以获取高产为主要目的的高产玉米田而言,应保证拔节期的水分供给,尽量避免中度干旱现象出现,对于水分供给能力有限的地区,也应保证拔节期的土壤水分在田间持水量的50%以上。抽雄期水分亏缺处理条件下,2011年中旱处理和重旱处理的耗水量和产量均小于轻旱处理,其WUE则大于其他两处理,2012年中旱处理的总耗水量小于轻旱处理和重旱处理的,其产量和WUE则显著大于其他两处理,出现这种情况可能与试验设计及所选品种有关,该生育阶段夏玉米的不同表现也在一定程度上反映了抽雄期夏玉米进行适度亏水处理会在产量轻微下降的基础上实现WUE的大幅提高。灌浆期水分亏缺处理条件下,2011年中旱处理的产量和WUE均最高,重旱处理次之,2012年轻旱处理的总耗水量和产量均最高,中旱处理次之,重旱处理最小,WUE则表现为中旱处理>轻旱处理>重旱处理。与对照处理相比,轻旱处理的耗水量降低了约8.82%,其产量和WUE则分别提高了约3.13%和13.42%,中旱处理的耗水量和产量分别降低了约20.43%和13.43%,WUE则提高了约14.81%,重旱处理的耗水量和产量均降低了30.60%左右,其WUE则未出现变化。由此可知,灌浆期轻旱处理的WUE明显提高是产量提高与耗水量小幅降低协同作用的结果;灌浆期中旱处理的WUE提高的原因是其耗水量的减幅较产量的减幅大。说明灌浆期轻度亏水不仅可以实现节水并能促进夏玉米增产,表现出一定的补偿生长效应,而亏水达到中度后,产量与耗水量开始协同降低,其WUE值仍保持较高水平。生育期连旱处理条件下,2011年生育前期连旱处理的产量、耗水量和WUE均最小,中期连旱处理的耗水量最大,后期连旱处理的产量和 WUE 则大于其他两处理,2012 年生育后期连旱处理的耗水量和产量均最大,生育前期连旱处理的产量和 WUE 均最低。生育中期连旱处理的 WUE 最高,这主要是因为该处理的总耗水量小,仅为 285 mm,生育后期连旱处理的 WUE 小于生育连旱处理的,但其产量最高,两季试验均证实,生育后期亏水有利于夏玉米节水稳产,提高 WUE。

表 4-17　2011~2012 年两季夏玉米在不同水分亏缺处理条件下的水分利用效率

处理	2011 年			2012 年		
	耗水量/mm	亩产量/kg	WUE/(kg/m^3)	耗水量/mm	亩产量/kg	WUE/(kg/m^3)
适宜水分	412	693	2.52	465	671	2.16
苗期轻旱	325	524	2.42	427	638	2.24
苗期中旱	317	468	2.22	393	622	2.37
苗期重旱	232	339	2.19	357	538	2.26
拔节期轻旱	327	501	2.30	398	651	2.46
拔节期中旱	262	517	2.96	349	587	2.52
拔节期重旱	238	385	2.43	354	552	2.34
抽雄期轻旱	380	551	2.17	382	583	2.29
抽雄期中旱	290	535	2.77	350	641	2.75
抽雄期重旱	258	481	2.80	361	530	2.20
灌浆期轻旱	380	525	2.08	424	692	2.45
灌浆期中旱	372	671	2.70	370	611	2.48
灌浆期重旱	371	601	2.43	323	465	2.16
生育前期连旱	259	325	1.88	361	489	2.03
生育中期连旱	332	579	2.62	285	517	2.72
生育后期连旱	311	581	2.80	364	644	2.65
全生育期中水分	273	404	2.22	295	630	3.21
全生育期低水分	196	245	1.88	291	500	2.57

4.1.8.3　夏玉米产量与各生育阶段耗水量关系

本书采用国内应用最多的 Jensen 模型对夏玉米的产量与阶段耗水量关系进行分析。结合实测产量和耗水量资料,利用 DPS 数据处理软件进行麦夸特法计算,求得夏玉米不同生育阶段的水分敏感指数 λ_i,见表 4-18。

表 4-18　2011～2012 年两季夏玉米不同生育阶段的水分敏感指数

参数 λ_i	生育阶段			
	播种—拔节	拔节—抽雄	抽雄—灌浆	灌浆—成熟
2011 年	0.331 3	0.466 9	0.018 8	0.071 1
2012 年	0.295 8	0.152 8	0.053 0	0.094 6

由表 4-18 中的计算结果可以看出,2011 年拔节—抽雄期的水分敏感指数最大,播种—拔节期次之,抽雄—灌浆期和灌浆—成熟期都较小,2012 年播种—拔节期的水分敏感指数最大,拔节—抽雄期次之,抽雄—灌浆期最小,说明拔节—抽雄期和播种—拔节期这两个阶段水分亏缺对夏玉米产量影响较大,是夏玉米的关键需水期。

4.2　夏玉米适宜灌水定额试验

4.2.1　夏玉米的生育进程

2011 年 T1(灌水定额 45 mm)处理 7 月 31 日开始抽雄,其他处理均是 7 月 28 日开始抽雄,可知 T1 处理推迟了夏玉米的抽雄起始日期,2012 年也得到了相似的结果。其他处理各生育期的起始日期均保持一致,说明不同灌水定额对夏玉米的生育进程无显著影响。

4.2.2　不同灌水定额处理条件下夏玉米株高的变化

株高是产量的基础,与抗旱性及籽粒产量密切相关。生育前期是夏玉米株高快速增加的阶段,灌浆期前后夏玉米的株形趋于稳定,株高生长基本停止。不同灌水定额下两季夏玉米的株高变化见图 4-8 和图 4-9。

由图 4-8、图 4-9 可知,生育期内 T1 处理的株高低于其他处理的,抽雄前 T6(灌水定额 120 mm)处理的株高高于 T1 处理的,抽雄后 T4(灌水定额 90 mm)处理和 T5(灌水定额 105 mm)处理的株高最高,较 T2(灌水定额 60 mm)处理、T3(灌水定额 75 mm)处理和 T6 处理高 10 cm 左右,较 T1 处理高约 30 cm,2012 年也得到了相近的结果。可见,生育前期充足的水分供给有利于夏玉米株高的迅速增加。抽雄—灌浆期夏玉米的株高持续增加,但增幅有限,此阶段 T6 处理的株高增幅小于其他处理。

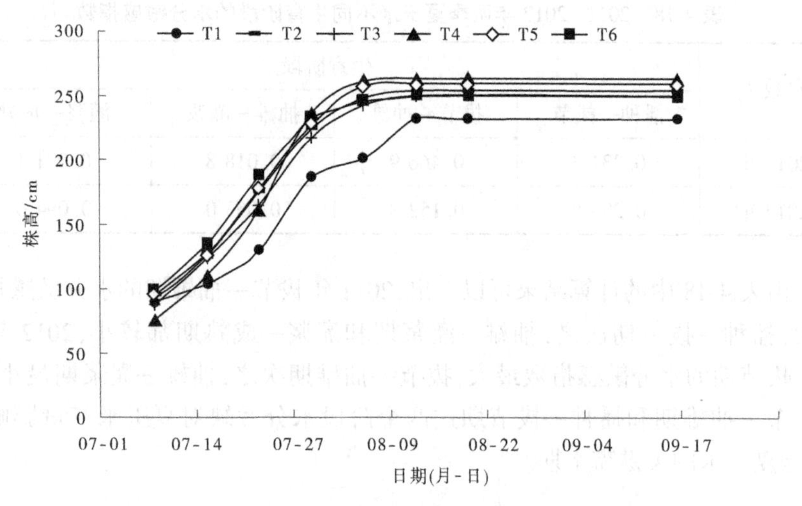

图 4-8 2011 年不同灌水定额处理条件下夏玉米的株高

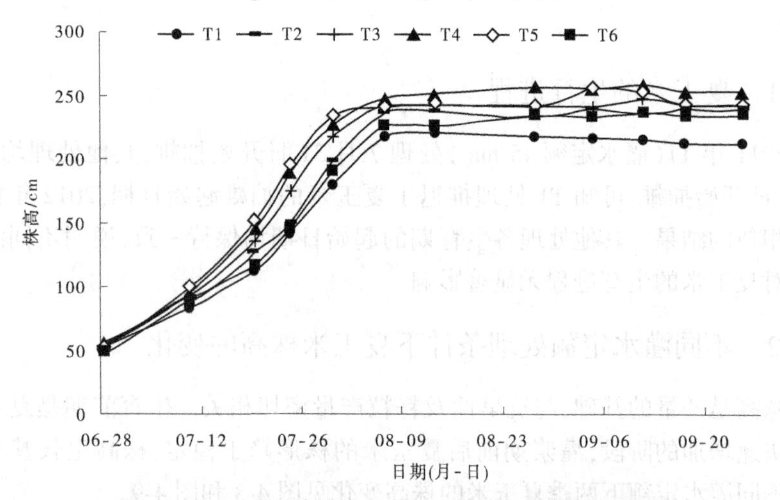

图 4-9 2012 年不同灌水定额处理条件下夏玉米的株高

不同灌水定额下夏玉米的株高增长速率见图 4-10 和图 4-11。

由图 4-10 和图 4-11 可知:生育期内 T1 处理的株高增长速率随生育进程的推进而持续降低,其他处理则表现出先升高后降低的变化趋势,抽雄后夏玉米各处理的株高增速均显著降低,其中 T6 处理的降幅最大,达 77.2%。苗期 T2 处理、T5 处理和 T6 处理的株高增速相近,高于其他处理的,但处理间差异较小;拔节期夏玉米的株高增速基本上表现出随灌水定额的增加而增大的变

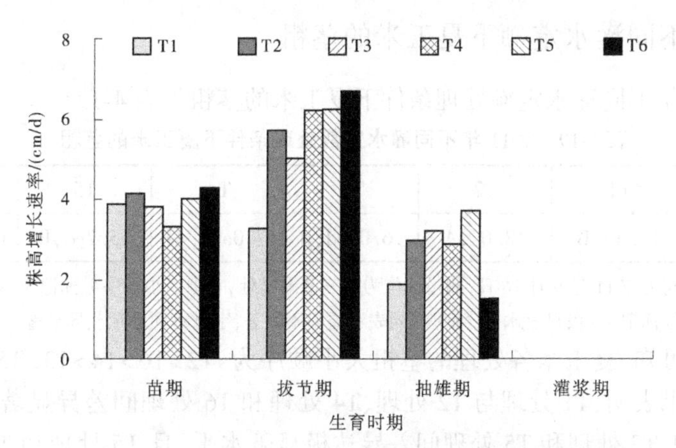

图 4-10　2011 年不同灌水定额下夏玉米的株高增长速率

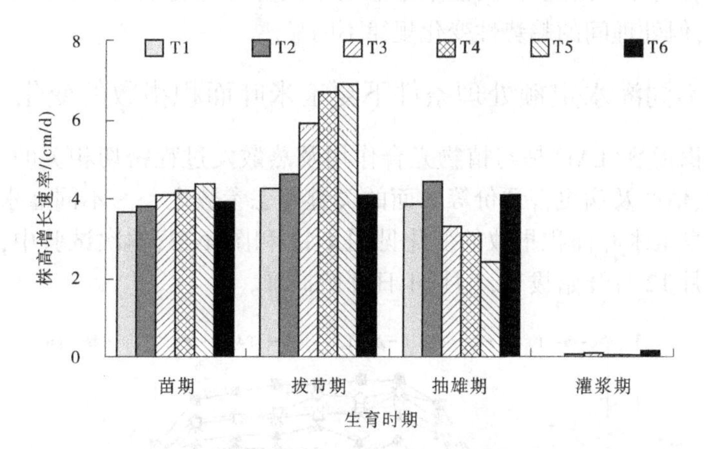

图 4-11　2012 年不同灌水定额下夏玉米的株高增长速率

化趋势,T1 处理的增速最小,为 3. 26 cm/d,T6 处理的增速最大,为 7. 64 cm/d,T2 处理的增速大于 T3 处理,为 5. 70 cm/d;抽雄期 T1 处理和 T6 处理的株高增速均较小,低于 2 cm/d,其他处理均保持在 2. 9 cm/d 以上。与 2011 年相比,2012 年(见图 4-11)各处理的表现不尽相同,表现出一定的年际差异。其中,T1 和 T6 两处理的株高增速随时间变化不大,其他各处理则变化明显,与上季试验的变化趋势保持一致。有所不同的是,抽雄期上述四个处理的株高增速随灌水定额的增加呈下降趋势。出现这一情况应与生育期内气候条件变化有很大关系,有待进一步试验验证。

4.2.3 不同灌水定额下夏玉米的茎粗

2011 年不同灌水定额处理条件下夏玉米的茎粗见表 4-19。

表 4-19 2011 年不同灌水定额处理条件下夏玉米的茎粗

处理编号	T1	T2	T3	T4	T5	T6
茎粗/mm	15.3d,B	18.0a,A	16.0bcd,B	17.0abc,AB	15.7cd,B	17.3ab,AB

注:测量时间为 2011 年 9 月 16 日,测量部位为第三节最窄处;表中以小写字母标记 5%显著水平,以大写字母标记 1%极显著水平,字母相同表示差异不显著,字母不同表示差异显著。

对比可知,夏玉米各处理的茎粗大小顺序为:T2>T6>T4>T3>T5>T1。方差分析结果表明,T1 处理与 T2 处理、T4 处理和 T6 处理间差异显著,T2 处理与 T1 处理、T3 处理和 T5 处理间差异达极显著水平,且 T5 处理和 T6 处理间也存在显著差异。由此可知,灌水定额的不同势必对夏玉米茎秆的扩充生长产生影响,但处理间的趋势性变化规律不明显。

4.2.4 不同灌水定额处理条件下夏玉米叶面积指数的变化

叶面积指数(LAI)是与植物光合作用及蒸散发过程密切相关的,可作为作物监测、估产及病虫害评价等方面的关键生态参数之一。不同灌水定额处理条件下夏玉米叶面积指数的变化见图 4-12 和图 4-13,本次试验中,夏玉米于当年 7 月 12 日开始拔节,7 月 31 日开始抽雄。

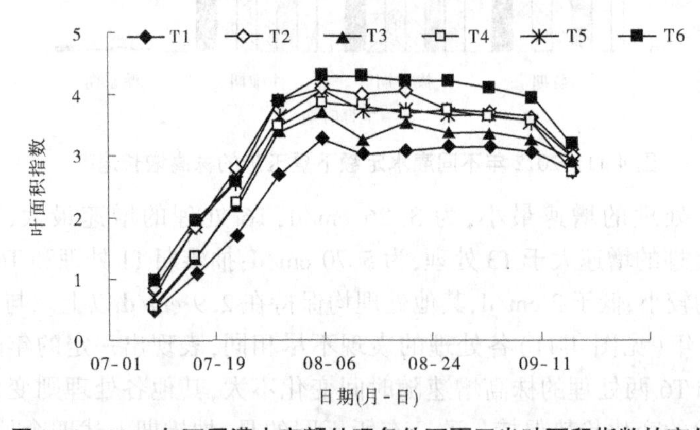

图 4-12 2011 年不同灌水定额处理条件下夏玉米叶面积指数的变化

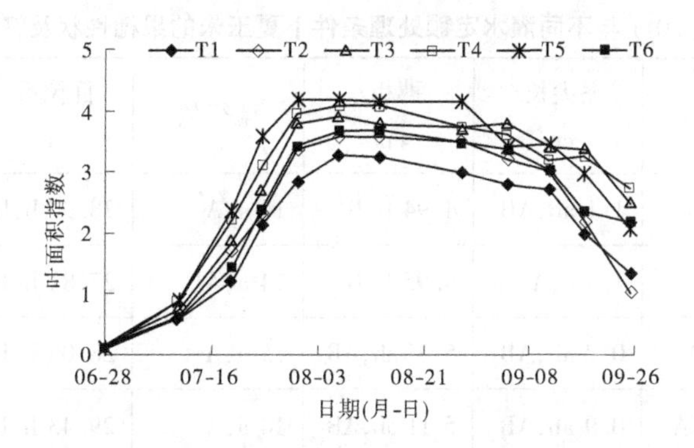

图 4-13　2012 年不同灌水定额处理条件下夏玉米叶面积指数的变化

不同灌水定额处理条件下,夏玉米生育期内 LAI 的动态变化规律基本保持同步:苗期(7 月 1 日至 12 日)和拔节期(7 月 13 日至 7 月底)夏玉米的 LAI 均持续增大,拔节期快速增大,抽雄期 LAI 达到最大值并长期保持稳定。随着生育进程的推进,夏玉米的底部叶片逐渐枯黄,LAI 开始减小,成熟时叶片基本全部枯黄。

抽雄前夏玉米各处理的 LAI 均随着生育进程的推进而不断增大,抽雄后夏玉米的下部叶片逐渐开始枯萎变黄,有效绿叶面积持续减少,LAI 也逐渐减小。全生育期内,2011 年 T6 处理的 LAI 值最大,T1 处理最小,2012 年则表现为 T5 处理普遍较大,T1 处理仍小于其他处理,但两季试验结果均未明显地表现出随灌水定额的增大而增大的变化趋势。2011 年抽雄前 T2 处理和 T5 处理的 LAI 值大于 T3 处理和 T4 处理的,T3 处理和 T4 处理的 LAI 值相近,呈同步增大的变化趋势;抽雄后 T2 处理和 T5 处理的 LAI 值仍较高,T2 处理、T5 处理和 T4 处理则出现不同程度的降低,T4 处理仍保持稳定,不同于上述三个处理。2012 年抽雄前 T5 处理的 LAI 值最大,T4 处理次之,T1 处理最小;抽雄后 T4 处理和 T5 处理的 LAI 值大于其他处理,生育末期 T3 处理和 T4 处理的 LAI 值仍较大,T1 处理和 T2 处理在此期出现较大幅度的降低,且早于其他处理开始降低。

4.2.5　不同灌水定额下夏玉米的果穗性状及籽粒产量

不同灌水定额处理条件下夏玉米的果穗性状及籽粒产量见表 4-20 和表 4-21。

表 4-20　2011 年不同灌水定额处理条件下夏玉米的果穗性状及籽粒产量

处理编号	穗长/cm	秃尖长/cm	穗粗/cm	穗行数	百粒重/g	亩产量/kg
T1	15.3 b,A	1.1 ab,AB	4.94 b,B	14 a,A	28.97 b,B	455 c,C
T2	15.6 ab,A	1.4 a,A	4.95 b,B	14 a,A	27.82 b,B	463 c,C
T3	15.3 b,A	0.7 ab,AB	5.05 ab,AB	15 a,A	28.08 b,B	479 bc,C
T4	15.7 ab,A	0.9 ab,AB	5.11 ab,AB	14 a,A	29.43 b,B	537 b,BC
T5	16.6 a,A	0.6 b,AB	5.07 ab,AB	14 a,A	31.90 a,A	627 a,AB
T6	16.8 a,A	0.4 b,B	5.23 a,A	15 a,A	31.56 a,A	660 a,A

注:表中以小写字母标记 5%显著水平,以大写字母标记 1%极显著水平,字母相同表示差异不显著,字母不同表示差异显著,下同。

表 4-21　2012 年不同灌水定额处理条件下夏玉米的果穗性状及籽粒产量

处理编号	穗长/cm	秃尖长/cm	穗粗/cm	穗行数	百粒重/g	亩产量/kg
T1	15.85 a,A	0.78 a,A	5.23 bc,BC	14 a,A	34.30 b,BC	545 c,C
T2	16.05 a,A	0.61 ab,A	5.09 c,C	15 a,A	32.78 b,C	539 c,C
T3	17.11 a,A	0.48 ab,A	5.29 b,ABC	14 a,A	38.08 a,A	704 a,AB
T4	16.88 a,A	0.37 ab,A	5.32 b,AB	15 a,A	36.36 a,AB	635 ab,ABC
T5	17.17 a,A	0.23 b,A	5.48 a,A	15 a,A	37.65 a,A	732 a,A
T6	16.12 a,A	0.48 ab,A	5.24 bc,BC	14 a,A	35.98 a,AB	573 bc,BC

从整体而言,2011 年夏玉米的穗长和穗粗值均随灌水定额的增加而变大,T1 处理的果穗最短且最细,T6 处理的果穗最长且最粗,其中 T1 处理、T3 处理的穗长与 T5 处理、T6 处理间差异显著,但均未达到极显著水平,T1 处理、T2 处理的穗粗与 T6 处理间差异极显著;夏玉米秃尖长的表现为:T2>T1>T4>T3>T5>T6,其中 T2 处理与 T5 处理、T6 处理间差异显著,而其他两两处理间差异均不显著。2012 年 T3 处理、T4 处理和 T5 处理的穗长和穗粗均较大,

但穗长的处理间差异均不显著,T5处理的突尖最短,与T1处理间差异显著。两季试验结果均显示,夏玉米的穗行数较接近,处理间差异不显著。

2011年不同灌水定额处理条件下夏玉米百粒重的表现为:T5>T6>T4>T1>T3>T2,其中T5处理的百粒重最高,为31.90 g,其他处理较T5处理分别降低了约1.07%(T6)、7.76%(T4)、11.97%(T3)、12.79%(T2)、9.19%(T1)。方差分析结果显示,T5处理和T6处理间差异不显著,但与其他四个处理间差异均达极显著水平。2012年夏玉米的百粒重较2011年均显著提高,各处理表现为:T3>T5>T4>T6>T1>T2,其中T1处理和T2处理的百粒重均显著小于其他四个处理。2011年夏玉米的籽粒产量随灌水定额的增加而增加,T1处理的籽粒产量最小,为455 kg/亩,其他处理较T1处理分别增加了约1.76%(T2)、5.28%(T3)、18.02%(T4)、37.80%(T5)、45.05%(T6)。其中T5处理和T6处理的增幅在35%以上,T4处理的增幅也在15%以上,T3处理和T2处理的增幅则较小。方差分析结果显示,T5处理和T6处理间差异不显著,但均显著高于其他处理,T4处理与T3处理间差异不显著,但显著高于T1处理和T2处理,而T1处理和T2处理间不存在显著差异。2012年T5处理的籽粒产量最高,T3处理次之,T1处理和T2处理的籽粒产量最低。方差分析结果显示,T1处理和T2处理的籽粒产量与T3处理、T4处理和T5处理间均存在显著差异,但与T6处理间不存在显著差异。2012年T6处理的籽粒产量较2011年显著降低,其他处理则普遍表现为增加,对于出现这种情况的原因尚不明确,有必要进一步研究验证。总之,随着灌水定额的增大,夏玉米的籽粒产量呈阶梯状增大的变化,其中T5处理的籽粒产量表现最好。

4.2.6 耗水量及耗水规律

不同灌水定额处理条件下夏玉米各生育期的耗水量变化见表4-22和表4-23。本试验中,T6处理的全生育期总耗水量和日耗水强度均最大,2011年和2012年分别为396.2 mm、3.80 mm/d和500.70 mm、4.59 mm/d,其他处理的总耗水量和日耗水强度均协同降低。其中2011年T4处理和T5处理总耗水量的降幅为16.71%~21.81%,T1处理、T2处理和T3处理的降幅为25.29%~28.98%,2012年T5处理的降幅为18.69%,T1处理、T2处理、T3处理和T4处理的降幅为23.23%~31.38%。由此可知,夏玉米全生育期总耗水量和日耗水强度随灌水定额的增加呈阶梯状增大的变化趋势。

表4-22 2011年不同灌水定额处理条件下夏玉米各生育期的耗水量变化

处理编号	耗水指标	播种—拔节	拔节—抽雄	抽雄—灌浆	灌浆—成熟	全生育期
T1	阶段耗水量/mm	94.0	67.1	66.9	53.4	281.4
	日耗水强度/(mm/d)	2.85	3.05	4.78	1.52	2.70
	耗水模系数/%	33.39	23.86	23.77	18.98	100
T2	阶段耗水量/mm	77.9	108.1	30.7	79.3	296.0
	日耗水强度/(mm/d)	2.36	4.91	2.19	2.26	2.84
	耗水模系数/%	26.32	36.52	10.36	26.80	100
T3	阶段耗水量/mm	107.9	50.4	42.9	81.6	282.8
	日耗水强度/(mm/d)	3.27	2.29	3.06	2.33	2.71
	耗水模系数/%	38.16	17.82	15.16	28.86	100
T4	阶段耗水量/mm	119.1	104.5	60.3	46.0	330.0
	日耗水强度/(mm/d)	3.61	4.75	4.31	1.31	3.17
	耗水模系数/%	36.10	31.69	18.26	13.95	100
T5	阶段耗水量/mm	125.7	63.8	31.3	88.9	309.8
	日耗水强度/(mm/d)	3.81	2.90	2.24	2.53	2.97
	耗水模系数/%	40.58	20.61	10.12	28.69	100
T6	阶段耗水量/mm	178.3	93.1	59.8	65.0	396.2
	日耗水强度/(mm/d)	5.40	4.23	4.28	1.85	3.80
	耗水模系数/%	45.00	23.49	15.10	16.40	100

表4-23 2012年不同灌水定额处理条件下夏玉米各生育期的耗水量变化

处理编号	耗水指标	播种—拔节	拔节—抽雄	抽雄—灌浆	灌浆—成熟	全生育期
T1	阶段耗水量/mm	69.98	146.77	56.76	87.65	361.16
	日耗水强度/(mm/d)	2.12	6.67	4.05	2.19	3.31
	耗水模系数/%	19.38	40.64	15.72	24.27	100

续表 4-23

处理编号	耗水指标	播种—拔节	拔节—抽雄	抽雄—灌浆	灌浆—成熟	全生育期
T2	阶段耗水量/mm	67.46	130.17	60.68	126.08	384.39
	日耗水强度/(mm/d)	2.04	5.92	4.33	3.15	3.53
	耗水模系数/%	17.55	33.86	15.79	32.80	100
T3	阶段耗水量/mm	76.25	147.74	57.18	62.39	343.56
	日耗水强度/(mm/d)	2.31	6.72	4.08	1.56	3.15
	耗水模系数/%	22.19	43.00	16.64	18.16	100
T4	阶段耗水量/mm	69.98	166.25	53.79	59.74	349.76
	日耗水强度/(mm/d)	2.12	7.56	3.84	1.49	3.21
	耗水模系数/%	20.01	47.53	15.38	17.08	100
T5	阶段耗水量/mm	69.98	141.01	55.47	140.68	407.13
	日耗水强度/(mm/d)	2.12	6.41	3.96	3.52	3.74
	耗水模系数/%	17.19	34.63	13.62	34.55	100
T6	阶段耗水量/mm	69.98	175.84	61.65	193.23	500.70
	日耗水强度/(mm/d)	2.12	7.99	4.40	4.83	4.59
	耗水模系数/%	13.98	35.12	12.31	38.59	100

作物耗水的影响因素包括遗传因素、气候条件、土壤水肥条件和耕作栽培技术等诸多方面,这些因素共同作用使得其日耗水量呈小-大-小的变化趋势。由表 4-22 和表 4-23 可知,2011 年苗期夏玉米的耗水模系数、阶段耗水量和日耗水强度均表现为随灌水定额的增加而增大(T2 处理除外),而且此期的阶段耗水量和耗水模系数均普遍大于其他生育时期的,这可能与苗期灌水量大有关,同时结合夏玉米农艺性状的表现不难发现,苗期大定额灌溉并不会使夏玉米的生长速率或生育进程显著提高或加快,其阶段耗水量则显著增加,不利于水分利用效率(WUE)的提高,相反,低定额灌溉(T1 处理)则在一定程度上抑制了夏玉米地上部植株的生长,2012 年苗期耗水的处理间差异较小,可能与苗期适度控水,灌水日期后推有关。

2011 年,拔节—抽雄期 T2 处理的阶段耗水量和耗水模系数较苗期增加,其他处理则降低，夏玉米各处理的阶段耗水量、日耗水强度和耗水模系数均随灌水定额的增加呈“S”形变化，其中 T2 处理、T4 处理和 T6 处理的日耗水强度较大，均保持在 4.23 mm/d 以上，T1 处理、T3 处理和 T5 处理则较小，在 2.29~3.05 mm/d。T3 处理和 T5 处理的表现可能与一次灌水持续期较长有关，T1 处理则与该阶段灌水总量较低有关。2012 年，拔节—抽雄期 T6 处理的阶段耗水量最高，T4 处理次之，T2 处理最低，为 130.17 mm；抽雄—灌浆期夏玉米的阶段耗水量和耗水模系数持续走低。2011 年，抽雄—灌浆期 T1 处理的日耗水强度较拔节—抽雄期显著提高，T2 处理则显著降低，其他处理较拔节—抽雄期的变化不大，其变幅在 0.05~0.77 mm/d，T1 处理和 T2 处理的不同表现与该阶段的灌水处理不同有关。2012 年，抽雄—灌浆期各处理的阶段耗水量和日耗水强度均显著降低；灌浆—成熟期夏玉米的阶段耗水量和耗水模系数较抽雄—灌浆期普遍升高，其日耗水强度则较低，这主要是因为此期已处于夏玉米的生育中后期，营养生长基本停止，有效绿叶面积持续降低，且此期气候条件尤其是气温较抽雄期发生了变化。

4.2.7　夏玉米产量与水分利用效率

不同灌水定额处理条件下夏玉米的产量与水分利用效率（WUE）见表 4-24。

表 4-24　不同灌水定额处理条件下夏玉米的产量与水分利用效率

处理编号	2011 年			2012 年		
	耗水量/mm	亩产量/kg	WUE/(kg/m^3)	耗水量/mm	亩产量/kg	WUE/(kg/m^3)
T1	281	455	2.42	361	545	2.26
T2	296	463	2.34	384	539	2.10
T3	283	479	2.54	344	704	3.07
T4	330	537	2.44	350	635	2.72
T5	310	627	3.03	407	732	2.70
T6	396	660	2.50	501	573	1.72

由表 4-24 可知，随着灌水定额的增大，夏玉米的耗水量和产量呈增加趋势，其 WUE 也出现不同程度的增加，但没有明显的趋势性变化规律。作物 WUE 是其籽粒产量和总耗水量共同作用的结果，反映了作物节水效益的高

低。2011年T2处理的WUE最低,尽管其籽粒产量较T1处理有所提高,但总耗水量的增幅更大,不利于WUE的提高。T5处理的WUE较T1处理增幅约25.21%,为3.03 kg/m^3,其耗水量提高了约10.32%,产量提高了37.80%之多,可见产量水平提高是其WUE大幅提高的关键因素。T6处理的产量最大,但耗水量也最大,耗水量较T1处理增幅达40.93%,其WUE则提高了约3.31%;2012年T6处理的WUE最小,仅为1.72 kg/m^3,其耗水量最大,产量则较低,故而其WUE也较低,与2011年表现不同。T2处理的产量最低,其WUE也较低,与2011年表现相近。T5处理的产量最高,但其WUE较T3处理低,这主要是因为其耗水量显著大于T3处理,产量则增幅有限。综合两年的试验结果可知,2011年T5处理是兼顾产量和节水效益的最佳处理,2012年T3处理则表现最优,但T4处理两年的表现均较T3处理和T5处理差,可见灌水定额为75 mm和105 mm时夏玉米均可在保证产量的基础上实现节水,对于最优灌水定额的确定,有必要进一步研究验证。此外,对于生产实践中灌水定额的选择应依据立地条件进行确定。

4.3 小　结

4.3.1 夏玉米水分亏缺指标试验

本试验通过对不同生育时期及不同水分亏缺程度条件下夏玉米的几个农艺性状指标、生理生态指标、需水特性及水分利用效率的差异分别进行了分析研究,得出主要结论如下:

(1)抽雄前是夏玉米营养生长的主要阶段,此阶段水分亏缺会抑制其株高、叶面积和茎粗的生长,抽雄后水分胁迫使夏玉米的LAI提前出现降低,缩短了其有效绿叶面积持续期,此阶段水分胁迫对夏玉米株高的影响则不显著,茎粗则随胁迫程度的加剧而减小。苗期轻旱对夏玉米株高、LAI和茎粗的影响不大,株高在拔节期复水后会表现出一定的补偿生长效应,中度以上干旱则会抑制夏玉米株高和LAI的快速增加并最终导致其最大峰值变小;拔节期水分胁迫会抑制夏玉米的株高和LAI生长,且抑制作用随亏缺程度加剧而加深,此期茎粗受水分胁迫影响也较大,但趋势性变化规律不明显。

(2)苗期轻度干旱使夏玉米叶片的光合速率和蒸腾速率增加,其叶片水分利用效率则显著降低。中度以上干旱会显著降低夏玉米叶片的光合作用和水分利用效率,其蒸腾作用则显著增强,非气孔因素已成为夏玉米光合作用的主要限制因素。夏玉米的光合作用随灌浆期水分胁迫的加剧而减弱，其叶片水分利用效率也显著降低。

(3)夏玉米的穗行数和突尖长受土壤水分胁迫影响不大；灌浆前水分胁迫对夏玉米穗长和穗粗的影响均较小，灌浆期严重亏水会对夏玉米的穗部性状产生较大影响，不利于籽粒灌浆及产量形成；生育前中期连续干旱及灌浆期干旱均会对夏玉米的穗粒数产生较大影响，干旱开始得越早，持续时间越久，对最终穗粒数的形成也越不利。夏玉米的百粒重受土壤水分影响也较大，各生育阶段不同程度的水分胁迫都会对夏玉米的百粒重产生一定的影响，且百粒重随胁迫程度的加剧呈减小变化。不同生育阶段的水分胁迫使夏玉米的籽粒产量均出现不同程度的降低，且各生育阶段重旱处理条件下夏玉米的籽粒产量均显著降低，可见不同生育阶段重旱都不利于夏玉米获得较大的籽粒产量。

(4)拔节期和灌浆期夏玉米的阶段耗水量和耗水强度均较大，是夏玉米的需水关键期。不同生育阶段、不同程度的水分亏缺都会使夏玉米的总耗水量降低，且随着胁迫程度的加剧，其总耗水量也普遍降低。各轻旱处理的阶段耗水量和日耗水强度较对照处理均小幅降低，中旱和重旱处理则降幅较大。各水分胁迫处理条件夏玉米的水分利用效率均普遍升高，且中旱处理的水分利用效率总是最大。

(5)针对夏玉米不同生育阶段，在充分灌溉条件下，我们以高产为目标，推荐不同生育时期适宜的土壤水分下限指标分别是：苗期土壤含水量不能低于田间持水量的60%，拔节期土壤含水量可以控制在田间持水量的60%左右，抽穗期土壤含水量不能低于田间持水量的65%，灌浆期土壤含水量可以控制在田间持水量的60%左右。在非充分灌溉条件下，以高水分利用效率为目标，推荐不同生育时期适宜的土壤水分下限指标分别是：苗期土壤含水量不能低于田间持水量的50%，拔节期土壤含水量可以控制在田间持水量的50%左右，抽穗期土壤含水量不能低于田间持水量的55%，灌浆期土壤含水量可以控制在田间持水量的50%左右。

4.3.2 夏玉米适宜灌水定额试验

通过对不同灌水定额条件下夏玉米生长发育、产量形成及耗水过程进行了研究，分析了夏玉米株高、叶面积、茎粗等农艺性状的变化及耗水特性和水分利用效率，得出结论如下：

(1)夏玉米是既耐旱又需水较多的作物，本研究中，T1 处理的株高和叶面积值在全生育期内均最小,拔节期株高的增速最缓。抽雄期其他处理株高的增速均大于 T6 处理,这可能与其他处理的生长后效性有关。夏玉米的茎粗受灌水定额影响较大,但没有表现出明显的趋势性变化。

(2)本研究中,苗期灌水定额增加会使夏玉米的苗期耗水增加,其生长发育则未受到较大影响,不利于 WUE 的提高,低定额灌溉则会抑制夏玉米地上部植株的生长,这可能与此期棵间蒸发比重较大有关。2011 年灌水定额 70 mm 处理的耗水量较 T_1 处理提高了约 10. 32%,产量提高了 37. 80%之多,其 WUE 也最大,为 3. 03 kg/m^3,2012 年 T_3 处理的籽粒产量略低于 T_5 处理,其 WUE 较大,两年的试验结果不完全一致。综合两季夏玉米在各灌水定额条件下的表现,排除降水影响因素的影响,T_5 处理是产量最高的适宜灌水定额,T_3 处理是节水效益最佳的灌水定额。

第 5 章　水稻试验结果及分析

5.1　不同水分处理对水稻株高的影响

2011 年和 2012 年不同水分处理的水稻株高见表 5-1 和表 5-2，图 5-1 和图 5-2 分别为 2011 年和 2012 年不同水分处理的水稻株高增长的变化趋势。

表 5-1　2011 年不同水分处理下水稻的株高　单位：cm

日期	T1（常灌 CK）	T2（70%控灌）	T3（60%控灌）	T4（50%控灌）
6 月 26 日	23.0	23.4	22.4	22.2
6 月 30 日	26.0	26.2	26.0	25.6
7 月 4 日	30.0	30.6	30.2	29.2
7 月 9 日	35.0	35.2	35.2	34.0
7 月 14 日	40.2	40.8	40.2	37.6
7 月 19 日	45.6	45.6	44.6	41.0
7 月 25 日	50.6	50.4	50.4	47.0
8 月 1 日	61.2	60.8	60.4	54.4
8 月 4 日	63.8	63.6	63.4	59.8
8 月 10 日	71.2	70.8	70.8	66.4
8 月 17 日	76.8	76.2	76.0	72.8
8 月 25 日	83.4	83.0	83.2	77.6
8 月 28 日	90.8	90.6	90.2	83.0
9 月 1 日	96.0	95.6	95.2	88.0

表5-2　2012年不同水分处理下水稻的株高　单位:cm

日期	T1(常灌CK)	T2(70%控灌)	T3(60%控灌)	T4(50%控灌)
6月26日	29.5	30.3	28.9	29.6
6月30日	33.4	33.9	32.1	32.5
7月4日	39.8	40.2	37.4	37.7
7月9日	48.4	47.4	43.4	43.3
7月14日	58.7	54.4	51.1	49.4
7月19日	65.0	60.0	56.9	53.8
7月25日	67.1	63.3	60.9	56.6
8月1日	69.9	70.3	67.0	59.0
8月4日	76.5	75.5	71.2	64.6
8月10日	81.8	79.3	75.8	71.2
8月17日	87.8	82.1	79.0	76.4
8月25日	91.7	85.0	81.6	81.0
8月28日	96.3	88.2	86.1	84.2
9月1日	100.8	90.6	88.2	86.7

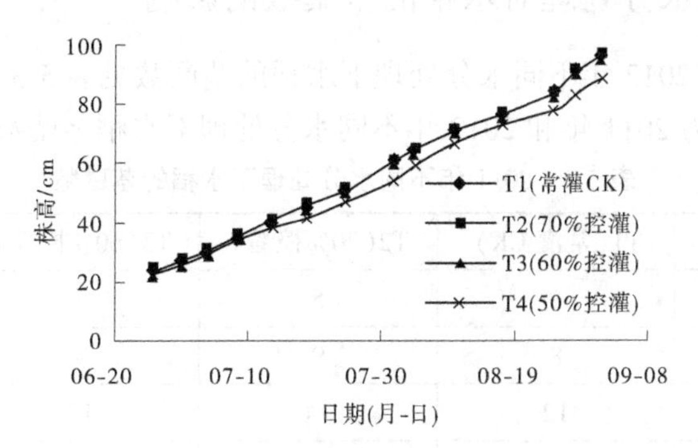

图5-1　2011年不同水分处理的水稻株高增长的变化趋势

由表5-1和图5-1的数据及趋势可以看出,四个处理对水稻株高的影响不大,70%控灌处理和60%控灌处理的株高与常灌处理的株高很接近,差异较小,50%控灌处理的株高明显小于其他几个处理,说明当水稻的土壤水分低于50%饱和含水量时,株高的生长会明显受到抑制。

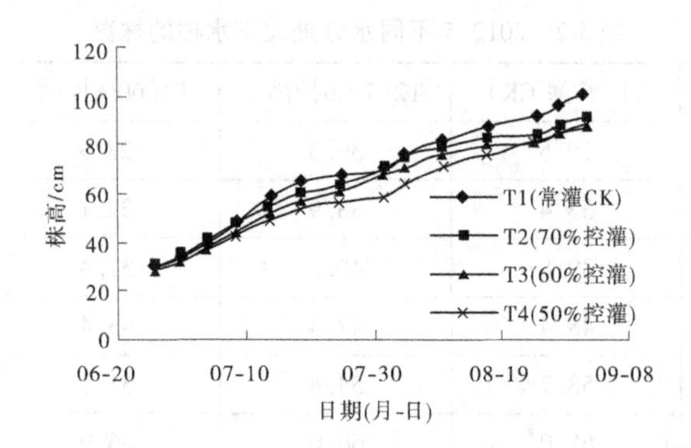

图 5-2　2012 年不同水分处理的水稻株高增长的变化趋势

由表 5-2 和图 5-2 的数据及趋势可以看出,2012 年常灌处理、70%控灌处理、60%控灌处理和 50%控灌处理的株高依次降低,说明控灌处理对水稻株高的变化影响较明显。对比 2011 年和 2012 年的水稻株高,2012 年相对于 2011 年的控灌处理对株高的影响效果较明显。

5.2　不同水分处理对水稻根茎的影响

5.2.1　不同水分处理对水稻的茎蘖数的影响

2011 年和 2012 年不同水分处理下水稻的茎蘖数见表 5-3 和表 5-4,图 5-3 和图 5-4 分别为 2011 年和 2012 年不同水分处理下水稻茎蘖数的变化。

表 5-3　2011 年不同水分处理下水稻的茎蘖数　　单位:个

日期	T1(常灌 CK)	T2(70%控灌)	T3(60%控灌)	T4(50%控灌)
6 月 26 日	5	5	5	4
6 月 30 日	8	9	9	8
7 月 4 日	12	14	13	13
7 月 9 日	15	17	16	16
7 月 14 日	18	20	19	19
7 月 19 日	21	23	20	20
7 月 25 日	20	22	20	19
8 月 1 日	20	23	20	18

表 5-4　2012 年不同水分处理下水稻的茎蘖数　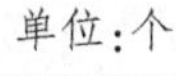单位:个

日期	T1(常灌 CK)	T2(70%控灌)	T3(60%控灌)	T4(50%控灌)
6 月 26 日	5	5	5	5
6 月 30 日	6	6	6	6
7 月 4 日	9	8	8	8
7 月 9 日	12	12	11	10
7 月 14 日	13	12	11	10
7 月 19 日	16	15	12	11
7 月 25 日	18	18	15	14
8 月 1 日	19	19	16	15

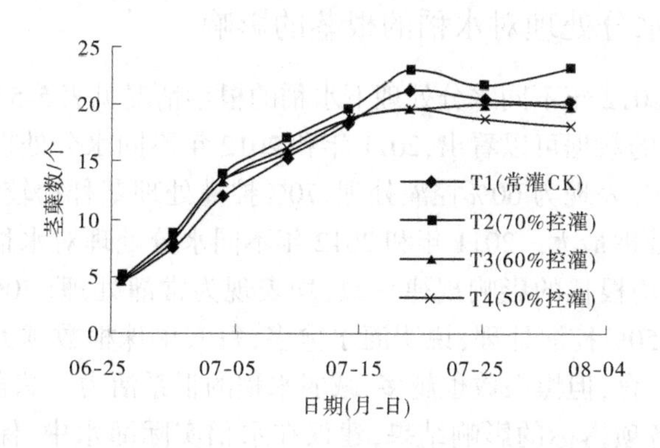

图 5-3　2011 年不同水分处理下水稻茎蘖数的变化

从表 5-3 和图 5-3 可以看出,四个处理的茎蘖数在分蘖初期无明显差别。但自分蘖中期(7 月 19 日)开始,70%控灌处理的茎蘖数明显多于常灌处理、60%控灌处理和 50%控灌处理,60%控灌处理和 50%控灌处理较常灌处理均有减少。至分蘖后期(8 月 1 日),50%控灌处理、60%控灌处理、70%控灌处理与常灌处理分蘖数分别为 18 个、20 个、23 个、20 个,70%控灌处理较常灌分蘖数增加 15%,50%控灌处理较常灌分蘖数减少 10%,说明 70%控灌处理灌水较为适宜,50%、60%控灌处理灌水均偏少。

从表 5-4 和图 5-4 可以看出,从分蘖初期开始,四个处理的茎蘖数呈现为 70%控灌处理=常灌处理>60%控灌处理>50%控灌处理,一直持续到分蘖结

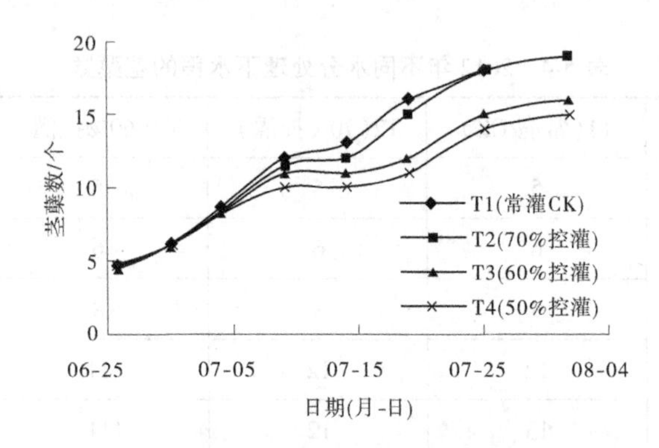

图 5-4　2012 年不同水分处理下水稻茎蘖数的变化

束。并且,常灌处理与 70%控灌处理的茎蘖数较接近,远大于 60%控灌处理与 50%控灌处理的茎蘖数。说明控灌低于 60%时,明显降低水稻的茎蘖数,因此,建议控灌保持在 60%~70%,可实现较高的茎蘖数。

5.2.2　不同水分处理对水稻的根茎的影响

2011 年和 2012 年不同水分处理下水稻的根茎情况见表 5-5 和表 5-6。从表 5-5 和表 5-6 的数据可以看出,2011 年和 2012 年不同水分处理对水稻根茎的影响规律一致,表现为 60%控灌处理、70%控灌处理茎秆均较常灌处理粗,其中 70%控灌处理最大。2011 年和 2012 年不同水分处理对水稻每穴单株根数、黑根数及平均根长的影响规律一致,均表现为常灌处理>70%控灌处理>60%控灌处理>50%控灌处理,说明灌水愈多,每穴单株根数越大,根长越长,有利于根系的发育,但黑根数也越多,减弱水稻的根系活力。综合不同水分处理对水稻根茎各项指标的影响结果,建议在水稻实际灌水中,保持 70%控灌处理,可以实现较大茎粗,提高水稻的抗倒伏能力,并且生成较强的根系组织。

表 5-5　2011 年不同水分处理下水稻的根茎情况

处理	茎粗/cm	每穴单株根数/根	黑根数/根	平均根长/cm
T1(常灌 CK)	4.39	29	15	31
T2(70%控灌)	4.64	26	11	28
T3(60%控灌)	4.49	25	8	26
T4(50%控灌)	4.26	24	5	25

表 5-6　2012 年不同水分处理下水稻的根茎情况

处理	茎粗/cm	每穴单株根数/根	黑根数/根	平均根长/cm
T1(常灌 CK)	3.8	32	12	34
T2(70%控灌)	4.77	29	6	31
T3(60%控灌)	4.76	28	5	29
T4(50%控灌)	4.25	25	3	28

5.3　水稻耗水量及耗水规律研究

2011 年和 2012 年不同处理不同生育期水稻的阶段耗水量、日耗水强度及耗水模系数分别见表 5-7 和表 5-8，图 5-5 和图 5-6 分别为 2011 年和 2012 年不同处理水稻阶段耗水量对比情况，图 5-7 和图 5-8 分别为 2011 年和 2012 年不同处理水稻日耗水强度对比情况。

表 5-7　2011 年不同处理不同生育期水稻的阶段耗水量、日耗水量及耗水模系数

生育阶段	耗水组成	处理			
		T1(常灌 CK)	T2(70%控灌)	T3(60%控灌)	T4(50%控灌)
插秧—返青	阶段耗水量/mm	236.7	236.7	236.7	236.7
	日耗水强度/(mm/d)	26.3	26.3	26.3	26.3
	耗水模系数/%	9.91	13.37	14.41	15.93
返青—分蘖初	阶段耗水量/mm	598.95	605.25	605.25	639.3
	日耗水强度/(mm/d)	28.52	28.82	28.82	30.44
	耗水模系数/%	25.07	34.19	36.85	43.03
分蘖初—分蘖中	阶段耗水量/mm	217.35	118.05	72.9	87.6
	日耗水强度/(mm/d)	19.76	10.73	6.63	7.96
	耗水模系数/%	9.1	6.67	4.44	5.9

续表 5-7

生育阶段	耗水组成	处理			
		T1（常灌 CK）	T2（70%控灌）	T3（60%控灌）	T4（50%控灌）
分蘖中—分蘖末	阶段耗水量/mm	210	118. 65	110. 7	56. 73
	日耗水强度/(mm/d)	26. 25	14. 83	13. 84	7. 09
	耗水模系数/%	8. 79	6. 7	6. 74	3. 82
分蘖末—拔节	阶段耗水量/mm	210. 6	95. 7	117. 45	99. 27
	日耗水强度/(mm/d)	15. 04	6. 84	8. 39	7. 09
	耗水模系数/%	8. 81	5. 41	7. 15	6. 68
拔节—抽穗	阶段耗水量/mm	337. 2	166. 5	143. 1	103. 8
	日耗水强度/(mm/d)	18. 73	9. 25	7. 95	5. 77
	耗水模系数/%	14. 11	9. 41	8. 71	6. 99
抽穗—乳熟	阶段耗水量/mm	259. 65	277. 2	174. 3	154. 05
	日耗水强度/(mm/d)	12. 98	13. 86	8. 72	7. 7
	耗水模系数/%	10. 87	15. 66	10. 61	10. 37
乳熟—黄熟	阶段耗水量/mm	319. 05	152. 1	181. 65	108. 15
	日耗水强度/(mm/d)	10. 29	4. 91	5. 86	3. 49
	耗水模系数/%	13. 35	8. 59	11. 06	7. 28
全生育期	耗水量/mm	2 389. 5	1 770	1 642. 5	1 485. 6
	日耗水强度/(mm/d)	18. 1	13. 41	12. 44	11. 25

表 5-8 2012 年不同处理不同生育期水稻的阶段耗水量、日耗水量及耗水模系数

生育阶段	耗水组成	处理			
		T1（常灌 CK）	T2（70%控灌）	T3（60%控灌）	T4（50%控灌）
插秧—返青	阶段耗水量/mm	132	111. 9	160. 6	148. 5
	日耗水强度/(mm/d)	14. 67	12. 43	17. 85	16. 5
	耗水模系数/%	4. 12	8. 45	13. 67	13. 84

续表 5-8

生育阶段	耗水组成	处理			
		T1 （常灌 CK）	T2 （70%控灌）	T3 （60%控灌）	T4 （50%控灌）
返青—分蘖初	阶段耗水量/mm	1 056	370.6	379.8	371.2
	日耗水强度/（mm/d）	50.3	17.65	18.09	17.68
	耗水模系数/%	32.94	28	32.31	34.61
分蘖初—分蘖中	阶段耗水量/mm	459.6	130.6	153.9	120.3
	日耗水强度/（mm/d）	41.78	11.88	13.99	10.94
	耗水模系数/%	14.33	9.87	13.09	11.21
分蘖中—分蘖末	阶段耗水量/mm	289.8	31.05	22.65	9.15
	日耗水强度/（mm/d）	36.22	3.89	2.83	1.14
	耗水模系数/%	9.04	2.35	1.93	0.85
分蘖末—拔节	阶段耗水量/mm	168.1	153.7	116.1	122.2
	日耗水强度/（mm/d）	12.01	10.98	8.29	8.73
	耗水模系数/%	5.24	11.62	9.88	11.4
拔节—抽穗	阶段耗水量/mm	478.5	253	135.6	116.8
	日耗水强度/（mm/d）	26.58	14.06	7.53	6.49
	耗水模系数/%	14.92	19.12	11.54	10.89
抽穗—乳熟	阶段耗水量/mm	356.5	174.3	91.77	98.18
	日耗水强度/（mm/d）	17.82	8.72	4.59	4.91
	耗水模系数/%	11.12	13.17	7.81	9.15
乳熟—黄熟	阶段耗水量/mm	266	98.28	115.1	86.32
	日耗水强度/（mm/d）	13.3	4.92	5.75	4.32
	耗水模系数/%	8.3	7.43	9.79	8.05
全生育期	耗水量/mm	3 207	1 323.75	1 175.4	1 072.95
	日耗水强度/（mm/d）	26.5	10.94	9.72	8.87

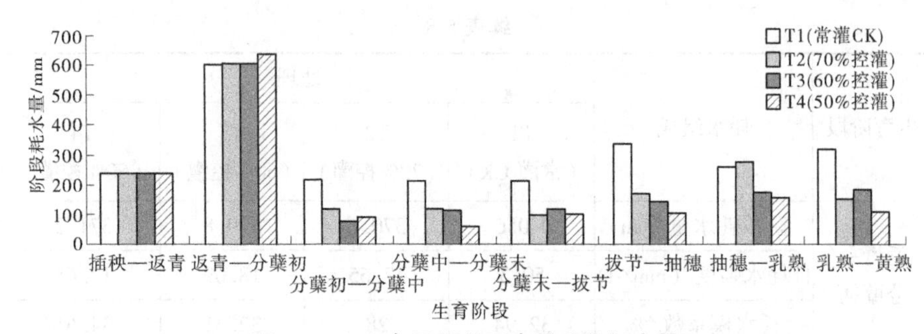

图 5-5 2011 年不同处理水稻阶段耗水量

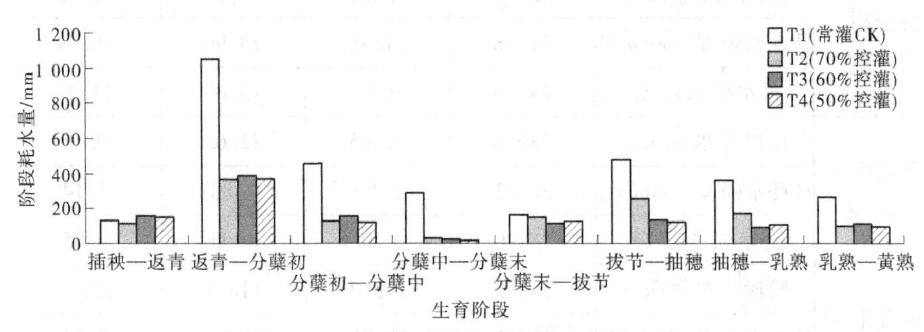

图 5-6 2012 年不同处理水稻阶段耗水量

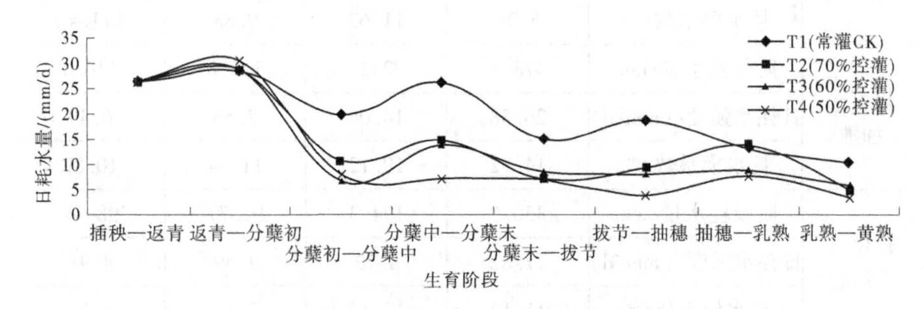

图 5-7 2011 年不同处理水稻日耗水量

从表 5-7 阶段耗水量数据及图 5-5 可以看出，在分蘖前，四个处理的阶段耗水量大小接近，差异较小；分蘖后，各处理的阶段耗水量大小有了显著差异，除了抽穗—乳熟期常灌处理的阶段耗水量小于 70%控灌处理的阶段耗水量，其他阶段均表现为常灌处理的阶段耗水量大于其他三个处理的阶段耗水量，其他三个处理的阶段耗水量大小关系不成规律。从表 5-8 阶段耗水量数据及图 5-6 可以看出，常灌处理分蘖后的各个阶段耗水量均大于其他三个处理，尤其在返青分蘖初期，其他三个处理的阶段耗水量大小接近，差异不大。说明控

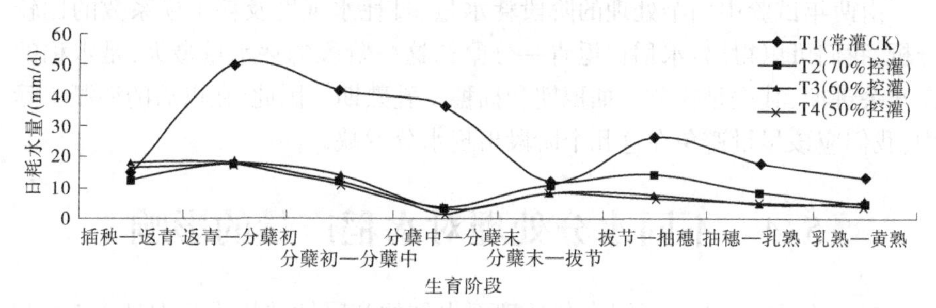

图 5-8　2012 年不同处理水稻日耗水量

灌可以有效地降低水稻阶段耗水量,但不同程度的控灌对降低水稻阶段耗水量的影响不明显。

从表 5-7 日耗水强度数据及图 5-7 可以看出,四个处理的日耗水强度均在返青—分蘖初期最大,日耗水强度达 28 mm/d 以上,插秧—返青期的日耗水强度次之,四个处理的日耗水强度均在 26 mm/d 以上,并且四个处理日耗水强度很接近,差异较小。分蘖中—分蘖末期各处理的日耗水强度较大,常灌处理的日耗水强度达 26. 25 mm/d,70%控灌处理的日耗水强度达 14. 83 mm/d,60%控灌处理的日耗水强度达 13. 84 mm/d,50%控灌处理的日耗水强度达 7. 09 mm/d,四个处理的日耗水强度差异较大。乳熟—黄熟期的日耗水强度最小,其他阶段的日耗水强度都介于返青—分蘖初和乳熟—黄熟期的日耗水强度之间,并且四个处理中常灌处理的日耗水强度最大,而 70%控灌、60%控灌和 50%控灌处理的日耗水强度较接近,都小于常灌处理。从全生育期的日耗水强度数据可以看出,常灌处理的日耗水强度最大,70%控灌处理次之,60%控灌处理较小,50%控灌处理的日耗水强度最小,说明土壤含水量越低,水稻的日耗水强度越小,适当的控制灌溉可以降低水稻土壤水分的无效消耗,节约灌溉水量。从表 5-8 日耗水量数据及图 5-8 可以看出,在分蘖前期,水稻的日耗水量较大,分蘖后期水稻的日耗水强度逐渐降低,到拔节期开始,水稻的日耗水强度又逐渐增大,抽穗后又逐渐降低,整个生育期呈现波浪式的变化趋势。

从表 5-7 和表 5-8 的耗水模系数数据可以看出,四个处理均在返青—分蘖初期的耗水模系数最大,说明返青—分蘖初期是水稻全生育期中耗水量最大的阶段,该阶段的耗水量占全生育期总耗水量的 25% ~ 40%。其次是插秧—返青期、拔节—抽穗期及抽穗—乳熟期,乳熟—黄熟期及分蘖阶段的耗水模系数相对较小。

由两年试验中四个处理的阶段耗水量、日耗水强度及耗水模系数的比较分析,我们可以得出:水稻在返青—分蘖初这一阶段的耗水量最大,是水稻的需水关键期,其次是拔节—抽穗期和抽穗—乳熟期。因此,在以后的灌溉实际中,我们应该尽量避免在这几个阶段出现水分亏缺。

5.4 不同水分处理对水稻产量的影响

2011 年和 2012 年不同水分处理下水稻的产量性状构成分别见表 5-9 和表 5-10。

表 5-9 2011 年不同水分处理下水稻的产量性状构成

处理	有效穗数/(万个/亩)	穗粒数/粒	饱实率/%	千粒重/g	亩产量/kg
T1(常灌 CK)	19.09	162	87.20	22.3	469.85
T2(70%控灌)	20.29	157	92.20	22.3	490.79
T3(60%控灌)	14.55	155	94.40	22.1	458.13
T4(50%控灌)	13.21	141	95.20	21.7	409.55

表 5-10 2012 年不同水分处理下水稻的产量性状构成

处理	有效穗数/(万个/亩)	穗粒数/粒	饱实率/%	千粒重/g	亩产量/kg
T1(常灌 CK)	46.11	172	90.03	25.1	624.51
T2(70%控灌)	16.38	171	91.64	25.4	631.48
T3(60%控灌)	14.56	155	93.00	24.0	503.07
T4(50%控灌)	12.91	141	93.03	22.8	447.24

由表 5-9 中有效穗数数据可以看出,每穴有效穗数,70%控灌处理最多,较常灌增加 6.3%;60%控灌处理、50%控灌处理较常灌分别减少 23.8%、30.8%。从表 5-9 的穗粒数数据可以看出,控制灌溉越低,穗粒数越少,常灌处理的穗粒数最大,50%控灌处理的穗粒数最小,70%控灌处理和 60%控灌处理的穗粒数居于中间。从表 5-9 的饱实率数据可以看出,控制灌溉越低,饱实率越高,50%控灌处理的饱实率最大, 60%控灌处理的饱实率次之,70%控灌

处理的饱实率较小,常灌处理的饱实率最小。由表5-9的千粒重数据可以看出,四个处理千粒重比较接近,其中常灌处理和70%控灌处理两个处理最大。从表5-9的籽粒产量数据可以看出,70%控灌处理的产量最高,较常灌处理增产4.5%;50%控灌处理的产量最低,较常灌处理减产12.8%,60%控灌处理较常灌处理减产2.5%,说明适度的控灌有利于水稻产量的提高。

由表5-10中有效穗数数据可以看出,常灌处理最大,70%控灌处理次之,60%控灌处理较小,50%控灌处理最小。说明水分充足有利于水稻有效穗数的增大。由表5-10中穗粒数数据可以看出,常灌处理的穗粒数最大,50%控灌处理的穗粒数最小,70%控灌处理和60%控灌处理的穗粒数居于中间。说明水分亏缺会降低水稻穗粒数。从表5-10的饱实率数据可以看出,50%控灌处理的饱实率最大,60%控灌处理的饱实率次之,70%控灌处理的饱实率较小,常灌处理的饱实率最小,说明控灌越低,饱实率越高,控灌有利于提高水稻的饱实率。由表5-10的千粒重数据可以看出,70%控灌处理千粒重最大,常灌处理次之,60%控灌处理较小,50%控灌处理最小,说明适度的控灌可以形成较大的千粒重。从表5-10的籽粒产量数据可以看出,70%控灌处理的产量最高,较常灌处理增产1.1%;50%控灌处理的产量最低,较常灌处理减产28.39%。60%控灌处理较常灌处理减产19.45%,说明适度的控灌有利于水稻产量的提高。

5.5　水稻产量与耗水量关系研究

5.5.1　水稻产量与全生育期耗水量之间的关系

2011年和2012年不同水分亏缺处理下水稻产量与耗水量关系分别见图5-9和图5-10。

由图5-9和图5-10可以看出,在不同生育期水分亏缺处理下,产量与耗水量呈二次函数关系,开始产量随着耗水量的增大而增大,但增大到一定程度,即最大值时,产量会随着耗水量的增大而逐渐减小。

2011年水稻产量与耗水量关系式为:

$$Y = -0.0052ET^2 + 21.266ET - 13927, \quad R^2 = 0.9981 \qquad (5\text{-}1)$$

式中　Y——夏玉米产量,kg/hm^2;

ET——夏玉米全生育期耗水量,mm。

对式(5-1)两边求导,并令$dY/dET=0$,得当水稻的耗水量为2 044.8 mm

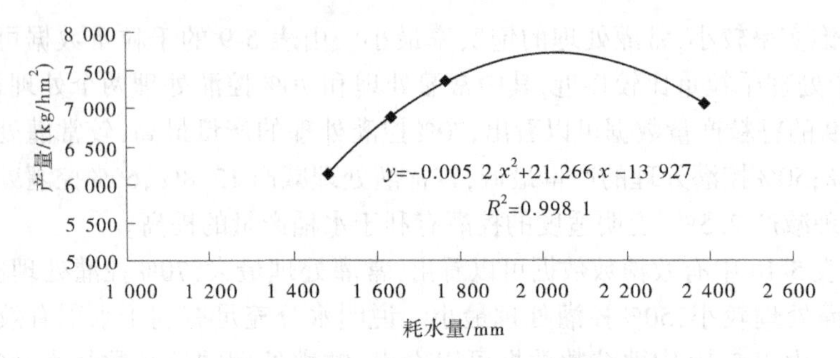

图 5-9　2011 年不同水分亏缺处理下水稻产量与耗水量关系

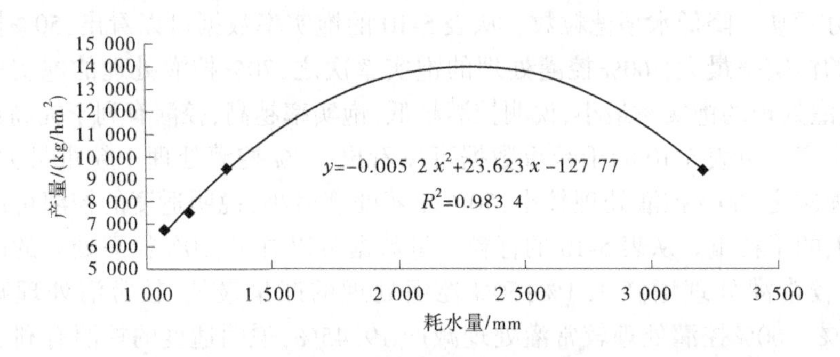

图 5-10　2012 年不同水分亏缺处理下水稻产量与耗水量关系

时,水稻产量达到最大值。由此可以看出,在对不同生育期水分亏缺处理下,当耗水量小于 2 044. 8 mm 时,水稻的产量随耗水量的增加而增加;当耗水量等于 2 044. 8 mm 时,水稻产量达到最大,约 7 815. 4 kg/hm^2;当耗水量大于 2 044. 8 mm 时,水稻的产量随耗水量的增大而减小。

2012 年水稻产量与耗水量关系式为:

$$Y = -0.005\ 2ET^2 + 23.623ET - 12\ 777,\ R^2 = 0.983\ 4 \tag{5-2}$$

对式(5-2)两边求导,并令 $dY/dET = 0$,可得当水稻的耗水量为 2 271. 4 mm 时,水稻产量达到最大值。由此可以看出,在对不同生育期水分亏缺处理下,当耗水量小于 2 271. 4 mm 时,水稻的产量随耗水量的增加而增加;当耗水量等于 2 271. 4 mm 时,水稻产量达到最大,约 14 052. 1 kg/hm^2;当耗水量大于 2 271. 4 mm 时,水稻的产量随耗水量的增大而减小。

5. 5. 2　水稻产量水平水分利用效率

2011 年和 2012 年不同水分亏缺处理下水稻的水分利用效率分别见表 5-11 和表 5-12,由两个表中数据可以看出,常灌处理的产量较大,但水分利用效率最小,只有 0.29 kg/m³。70%控灌处理的产量最大,水分利用效率也最大,是节水高效的灌溉方式。60%控灌处理和 50%控灌处理的产量虽然有差异,但水分利用效率较接近,差异不大。由此可以看出,70%控灌处理是节水高效的灌水处理。

表 5-11　2011 年不同水分亏缺处理下水稻的水分利用效率

处理	耗水量/mm	产量/(kg/hm²)	水分利用效率/(kg/m³)
T1(常灌 CK)	2 389.50	7 047.77	0.29
T2(70%控灌)	1 770.00	7 361.85	0.42
T3(60%控灌)	1 642.50	6 871.89	0.42
T4(50%控灌)	1 485.60	6 143.25	0.41

表 5-12　2012 年不同水分亏缺处理下水稻的水分利用效率

处理	耗水量/mm	产量/(kg/hm²)	水分利用效率/(kg/m³)
T1(常灌 CK)	3 207.00	9 367.65	0.29
T2(70%控灌)	1 323.75	9 472.20	0.72
T3(60%控灌)	1 175.40	7 546.05	0.64
T4(50%控灌)	1 072.95	6 708.60	0.63

5.6　小　结

实践证明,对水稻实行合理的控制灌溉,不仅可大幅节约灌溉用水,而且可为水稻的生长发育创造良好的水、光、热、气环境。同时,在水稻适宜生育期进行控制灌溉,也是取得水稻高产的一项不可缺少的重要技术措施,通过 2011 年和 2012 年两年的控灌试验可初步得出以下结论。

(1)水分亏缺对水稻生理生长指标的影响。50%控灌对水稻株高的生长有抑制作用,为了保持正常的植株生长,土壤水分需控制在 50%饱和含水量以上。水分过低或过高都不利于水稻的根茎分蘖,只有将水分控制在适宜的范围(70%饱和含水量左右)才有利于水稻的更多分蘖。较高的水分可以产生较大的茎粗,有利于根系发育,增强水稻的抗倒伏能力,但会影响水稻的根系活力。

(2)不同生育阶段水稻的耗水规律。水稻在返青—分蘖初这一阶段的日耗水量最大，阶段耗水量也最大，是水稻的需水关键期，其次是拔节—抽穗期和抽穗—乳熟期。因此，在以后的灌溉实际中，应尽量避免在这几个阶段出现水分亏缺，而在其他几个耗水量较小的阶段，可以适度地进行控制灌溉。

(3)水分亏缺对水稻产量及水分利用效率的影响。水分较高时，产量较大，但水分利用效率较低；水分较低时，产量不大，但水分利用效率较高；只有适宜的水分才能使水稻既高产又高效，70%控灌处理的产量最大，水分利用效率也最大，是节水高效的灌溉方式。

(4)产量与耗水量的关系。

水稻的产量与耗水量呈二次函数关系，开始产量随着耗水量的增大而增大，增大到一定程度，即最大值时，产量会随着耗水量的增大而逐渐减小。本研究得出，当水稻的耗水量达到 2 000 mm 左右，可获得较高的产量。

综合以上分析，推荐 70%控灌处理为适宜人民胜利渠地区水稻生长的节水高效灌水处理。70%控灌处理较常灌处理，不仅减少了灌水次数，减轻了管理强度，节约了灌溉水量(70%控灌处理较常灌处理在全生育期节水达 27. 1%)，且有效地增加了水稻的分蘖数及千粒重，提高了水稻的抗倒伏能力，增加了产量(70%控灌处理较常灌处理增产 4. 5%)。其节水、增产效果均较明显，初步达到了预期目的。

第6章　结论及建议

6.1　主要研究结论

本书通过对冬小麦和夏玉米水分亏缺指标试验和最优灌水定额试验及水稻的节水高效灌溉试验的分析研究,得出以下结论。

6.1.1　冬小麦和夏玉米水分亏缺指标试验

(1)不同水分亏缺对作物生理生长指标的影响。冬小麦苗期的水分亏缺对株高的生长有补偿作用,但不利于叶面积的生长;拔节期的水分亏缺对株高和叶面积均有抑制作用;抽穗期和灌浆期对株高和叶面积指数的影响不大。

夏玉米抽雄前的土壤水分亏缺限制了夏玉米株高、叶面积和茎粗的快速增长,不利于生育前期光合同化产物的积累,抽雄后水分亏缺则缩短了夏玉米的有效绿叶面积持续期。苗期轻旱处理的株高和LAI在拔节期复水后表现出补偿生长效应,与中旱和重旱处理的表现不同;拔节期夏玉米的株高和LAI的增长速率均随亏缺程度加剧而变小。苗期轻旱使夏玉米叶片的光合速率和蒸腾速率增加,叶片水分利用效率降低;中度和重度干旱使叶片的光合作用和水分利用效率显著降低,蒸腾速率显著增加,非气孔因素已成为夏玉米光合作用的主要限制因子。灌浆期水分胁迫加剧的同时夏玉米叶片的光合作用水分利用效率均显著降低。

(2)不同水分亏缺对作物耗水规律的影响。冬小麦在拔节—抽穗期和抽穗—灌浆期的日耗水量较大,是冬小麦的灌水关键期;Jensen模型中抽穗—灌浆期的水分敏感指数较大,是冬小麦水分亏缺对产量影响的敏感阶段。

夏玉米不同生育阶段不同程度的水分亏缺都会降低总耗水量,且随着胁迫程度的加剧,其总耗水量也普遍降低。各轻旱处理的阶段耗水量和日耗水强度较对照处理均小幅降低,中旱和重旱处理则降幅较大。Jensen模型中拔节—抽雄期和播种—拔节期这两个阶段水分敏感指数较大,此阶段水分亏缺对夏玉米的产量影响较敏感。

(3)不同水分亏缺对作物产量及水分利用效率的影响。冬小麦各生育阶段受到水分亏缺均降低产量,并且重旱的影响较大,但苗期水分亏缺对产量的影响较其他阶段小,水分亏缺发生的生育阶段越靠后,产量降低得越多。水分亏缺可以提高冬小麦的水分利用效率,但各阶段的水分亏缺对水分利用效率的提高影响差异较小,规律不明显。

夏玉米灌浆前土壤干旱对穗长和穗粗的影响均较小,灌浆期严重亏水则会对夏玉米的穗部性状产生较大影响;生育前中期连续干旱及灌浆期干旱的持续时间越久,干旱的程度越深,收获期其穗粒数也越小;各生育阶段不同程度的水分胁迫都不利于夏玉米形成较大的百粒重,且百粒重随胁迫程度加剧呈减小变化;夏玉米的穗行数和突尖长受土壤水分胁迫影响不大。不同生育时期、不同程度的土壤干旱使夏玉米的籽粒产量均出现不同程度的降低,且各生育阶段重旱处理条件下夏玉米的籽粒产量均显著降低,在生产实践中应尽量避免重旱状况出现。总之,各水分胁迫处理条件下夏玉米的水分利用效率均普遍升高,且中旱处理的水分利用效率总是最大。

(4)不同水分亏缺条件下产量与耗水量的关系。冬小麦产量与耗水量呈二次抛物线关系,当耗水量较小时,产量随着耗水量的增大而增大,当耗水量增大到一定程度时,产量会随着耗水量的增大而逐渐减小。本研究得出,当冬小麦耗水量达到 510 mm 左右的时候,可获得 8 600 kg/hm^2 以上的产量;当夏玉米的耗水量为 498. 9 mm 时,夏玉米可获得 9 990 kg/hm^2 以上的产量。

(5)节水高效灌溉指标。针对冬小麦不同的生育阶段,在灌溉水源充足的情况下,我们以高产为目标,推荐不同生育时期适宜的土壤水分下限指标分别是:苗期土壤含水量不能低于田间持水量的 55%,拔节期土壤含水量可以控制在田间持水量的 55%左右,抽穗期土壤含水量不能低于田间持水量的 60%,灌浆期土壤含水量可以控制在田间持水量的 55%左右。在灌溉水源不充足的情况下,我们以高水分利用效率为目标,推荐不同生育时期适宜的土壤水分下限指标分别是:苗期土壤含水量不能低于田间持水量的 45%,拔节期土壤含水量可以控制在田间持水量的 55%左右,抽穗期土壤含水量不能低于田间持水量的 60%,灌浆期土壤含水量可以控制在田间持水量的 45%左右。

针对夏玉米不同生育阶段,在充分灌溉条件下,我们以高产为目标,推荐不同生育时期适宜的土壤水分下限指标分别是:苗期土壤含水量不能低于田间持水量的 60%,拔节期土壤含水量可以控制在田间持水量的 60%左右,抽穗期土壤含水量不能低于田间持水量的 65%,灌浆期土壤含水量可以控制在田间持水量的 60%左右。在非充分灌溉条件下,我们以高水分利用效率为目标,推荐不同生育时期适宜的土壤水分下限指标分别是:苗期土壤含水量不能低于田间持水量的 50%,拔节期土壤含水量可以控制在田间持水量的 50%左右,抽穗期土壤含水量不能低于田间持水量的 55%,灌浆期土壤含水量可以控制在田间持水量的 50%左右。

6.1.2　冬小麦和夏玉米适宜灌水定额试验

(1)不同灌水定额对作物生理生长指标的影响。冬小麦灌水定额大于 60 mm 时,不同灌水定额对冬小麦的株高和叶面积指数影响不大,灌水定额小于 60 mm 时,不利于植株和叶面积的正常生长。

夏玉米灌水定额 45 mm 处理的株高和叶面积值在全生育期内均较其他处理小,拔节期其株高的增速也最慢;抽雄期灌水定额 120 mm 处理的株高增速最慢。夏玉米的茎粗受灌水定额影响较大,但没有表现出明显的趋势性变化。

(2)不同灌水定额对耗水规律的影响。冬小麦不同灌水定额处理的阶段耗水量表现为:在播种—拔节期和灌浆—成熟期较大,在拔节—抽穗期和抽穗—灌浆期较小;但日耗水量表现为播种—拔节期和灌浆—成熟期较小,在拔节—抽穗期和抽穗—灌浆期较大,并且灌水定额 60 mm 处理在阶段耗水量或日耗水量较大的阶段均明显小于其他处理。全生育期耗水量呈现为:灌水定额越大,全生育期的总耗水量就越大。适宜的灌水定额才会降低冬小麦的无效耗水。

夏玉米全生育期总耗水量和日耗水强度随灌水定额的增加呈阶梯状增大的变化趋势。苗期大定额灌溉并不会使夏玉米的生长速率或生育进程显著提高或加快,其阶段耗水量则显著增加,不利于水分利用效率(WUE)的提高,相反,低定额灌溉(T1 处理)则在一定程度上抑制了夏玉米地上部植株的生长。

(3)不同灌水定额对产量的影响。冬小麦不同灌水定额对穗粒数和穗长的影响较小,灌水定额较大可以增加冬小麦的千粒重,灌水定额较小可以增加亩穗数。灌水定额较大时,可获得高产,但不利于提高水分利用效率;灌水定额较小时,可提高水分利用效率,但产量不高。只有适宜的灌水定额才能达到既节水又高产的效果。

夏玉米的产量、穗长和穗粗值均随灌水定额的增加而增大,其果穗的秃尖则变短。苗期灌水定额增加会使夏玉米的苗期耗水增加,其生长发育则未受到较大影响,不利于 WUE 的提高,低定额灌溉则会抑制夏玉米地上部植株的生长。

(4)不同灌水定额下产量与耗水量的关系。不同灌水定额下,冬小麦和夏玉米的产量与耗水量呈二次抛物线关系,当耗水量较小时,产量随着耗水量的增大而增大,当耗水量增大到一定程度时,产量会随着耗水量的增大而逐渐减小。

(5)适宜灌水定额。冬小麦适宜灌水定额分别为:在灌溉供水充足的情况下,以灌水高产为目标,推荐灌水定额 90 mm 为节水高效的灌水定额;在灌溉供水不充足的情况下,以水分利用效率最大为目标,推荐灌水定额 60 mm 为节水高效的灌水定额。

夏玉米适宜灌水定额分别为:在灌溉供水充足的情况下,以高产为目标,推荐灌水定额 105 mm 为节水高效的灌水定额;在灌溉供水不充足的情况下,以水分利用效率最大为目标,推荐灌水定额 75 mm 为节水高效的灌水定额。

6.1.3 水稻节水高效灌溉试验

(1)水分亏缺对水稻生理生长指标的影响。50%控灌对水稻株高的生长有抑制作用,为了保持正常的植株生长,土壤水分需控制在 50%饱和含水率以上。水分过低或过高都不利于水稻的根茎分蘖,只有将水分控制在适宜的范围(70%饱和含水率左右)才有利于水稻的更多分蘖。较高的水分可以产生较大的茎粗,利于根系发育,增强水稻的抗倒伏能力,但会影响水稻的根系活力。

(2)不同生育阶段水稻的耗水规律。水稻在返青—分蘖初这一阶段的日耗水量最大,阶段耗水量也最大,是水稻的需水关键期,其次是拔节—抽穗期和抽穗—乳熟期。因此,在以后的灌溉实际中,应尽量避免在这几个阶段出现水分亏缺,而在其他几个耗水量较小的阶段,可以适度地进行控制灌溉。

(3)水分亏缺对水稻产量及水分利用效率的影响。水分较高时,产量较大,但水分利用效率较低;水分较低时,产量不大,但水分利用效率较高;只有适宜的水分才能使水稻既高产又高效,70%控灌处理的产量最大,水分利用效率也最大,是节水高效的灌溉方式。

(4)产量与耗水量的关系。水稻的产量与耗水量呈二次函数关系,开始产量随着耗水量的增大而增大,增大到一定程度,即最大值时,产量会随着耗水量的增大而逐渐减小。本研究得出,当水稻的耗水量达到 2 000 mm 左右,可获得较高的产量。

针对水稻,推荐 70%控灌处理为适宜人民胜利渠地区水稻生长的节水高效灌水处理。70%控灌处理较常灌处理,不仅减少了灌水次数,减轻了管理强度,节约了灌溉水量(70%控灌处理较常灌处理在全生育期节水达 27.1%),

且有效地增加了水稻的分蘖数及千粒重，提高了水稻的抗倒伏能力，增加了产量（70%控灌处理较常灌处理增产4.5%）。其节水、增产效果均较明显，初步达到了预期目的。

6.2　存在的问题及建议

（1）本书冬小麦和夏玉米试验结果只是针对河南省灌溉试验中心站，水稻只针对人民胜利渠地区，具有一定的局限性，并且一种灌溉方案的优劣需经受多年的试验验证，因此，该类试验研究应继续进行，并且试验结果需进行下一步的示范应用。

（2）大田试验环境复杂多变，人为较难控制，本试验中的试验数据也会或多或少地受到其他因素的影响，为了获得更加精确和准确的数据，建议在数据观测上尽量降低人为因素导致的试验误差，对于株高、叶面积、气孔导度、叶绿素等生理生态指标的测定，建议加大数据采集量，严格按照试验要求进行仪器操作和数据采集，使得采集的数据更加真实准确地反映实际规律；试验区布置及种植情况尽可能保持一致，从试验区的基础处理方面降低试验数据差异。

（3）水稻试验在自然条件下进行，受天然降水影响较大，年际间降水量差别大，势必影响试验结果，因此，下一步可对不同降水水平年下的水稻节水高效灌溉试验进行研究。

参考文献

[1] 王瑗,盛连喜,李科. 中国水资源现状分析与可持续发展对策研究[J]. 水资源与水工程学报,2008,19(3):10-14.

[2] 汪恕诚. 解决水资源短缺的根本出路[J]. 南水北调与水利科技,2006,4(4):1-2.

[3] 陈飘. 初探水资源的外部性及矫正[J]. 浙江水利科技,2007(1):58-59.

[4] 翟浩辉. 在节水灌溉论坛上的讲话[A]. 高占义,许迪. 农业节水可持续发展与农业高效用水[C]. 北京:中国水利水电出版社,2004:3-10.

[5] 汪恕诚. 在国际灌溉排水委员会第19届设计灌排大会暨第56届国际执行理事会上的讲话[J]. 中国水利,2005(20):6-9.

[6] 蔡焕杰. 大田作物膜下滴灌的理论与应用[M]. 杨凌:西北农林科技大学出版社,2003.

[7] 王艳,付影. 浅谈农业节水产业的现状及发展方向[J]. 水利天地,2008(1):46.

[8] 吴普特,冯浩,牛文全,等. 现代节水农业技术发展趋势与未来研发重点[J]. 中国工程科学,2007,9(2):12-18.

[9] 钱蕴壁,李英能,杨刚,等. 节水农业新技术研究[M]. 郑州:黄河水利出版社,2002.

[10] 张喜英,裴东,胡春胜. 太行山山前平原冬小麦和夏玉米灌溉指标研究[J]. 农业工程学报,2002,18(6):36-41.

[11] 饶碧玉,谢森传. 对非充分灌溉的认识[J]. 节水灌溉,2000(5):28-30.

[12] 马忠明. 有限灌溉条件下作物-水分关系的研究[J]. 干旱地区农业研究,1998,16(2):75-76.

[13] 陈亚新,康绍忠. 非充分灌溉原理[M]. 北京:水利电力出版社,1995.

[14] 赵永,蔡焕杰,张朝勇. 非充分灌溉研究现状及存在问题[J]. 中国农村水利水电,2004(4):1-4.

[15] 李洁. 非充分灌溉的发展与现状[J]. 节水灌溉,1998(5):21-23.

[16] Hamblin A, Tennan T D, Perry M W. The cost of stress: dry matter partitioning changes with seasonal supply of water and nitrogen to dry land wheat [J]. Plant and Soil, 1990, 122:47-58.

[17] Tiago Pedreira dos Santos, Carlos M Lopes, M Lucı'lia Rodrigues, et al. Effects of deficit irrigation strategies on cluster microclimate for improving fruit composition of Moscatel field-grown grapevines [J]. Scientia Horticulturae, 2007, 112(3):321-330.

[18] Ali M H, Hoque M R, Hassan A A, et al. Effects of deficit irrigation on yield, water productivity, and economic returns of wheat [J]. Agricultural Water Management, 2007, 92(3):151-161.

[19] Samson Bekele, Ketema Tilahun. Regulated deficit irrigation scheduling of onion in a semi-

arid region of Ethiopia[J]. Agricultural Water Management,2007,89(1):148-152.

[20] 冯广龙,罗远培,刘建创,等.不同水分条件下冬小麦根与冠生长及功能间的动态消长关系[J]. 干旱地区农业研究,1997,15(2):73-79.

[21] 张喜英,由懋正,王新元.冬小麦调亏灌溉制度田间试验研究初报[J].生态农业研究,1998,6(3):33-36.

[22] 王和洲,孟兆江,庞鸿宾,等.小麦节水高产的土壤水分调控标准研究[J].灌溉排水,1999,18(1):14-17.

[23] 陈晓远,罗远培.开花期复水对受旱冬小麦的补偿效应研究[J].作物学报,2001,27(4): 513-516.

[24] 夏国军,阎耀礼,程水明.旱地冬小麦水分亏缺补偿效应研究[J].干旱地区农业研究,2001,19(1):79-82.

[25] 朱成立,邵孝侯,彭世彰,等.冬小麦水分胁迫效应及节水高效灌溉指标体系[J].中国农村水利水电,2003 (11):22-24.

[26] 蔡焕杰,康绍忠,张振华,等.作物调亏灌溉的适宜时间与调亏程度的研究[J].农业工程学报,2000,16(3):24-27.

[27] Seginer I,Elster,R T,Goodrum J W. et al. Plant wilt detection by computer-vision tracking of leaf tips[J]. Transaction of the ASAE,1992,35(5):1563-1567.

[28] 张明炷,李远华,崔远来,等.非充分灌溉条件下水稻生长发育及生理机制研究[J].灌溉排水,1994,13(4):6-10.

[29] Ramanjulu S,Sreenivasalu N,Giridhara Kumareta1 S. Photosynthetic characteristics of mulberry during water stressand rewaterlng[J]. Photosynthetica,1998,35(2):259-263.

[30] 郭晓维,赵春江,康书江,等.水分对冬小麦形态、生理特性及产量的影响[J].华北农学报,2000,15(4) :40-44.

[31] 张振平,孙世贤,张悦.玉米叶部形态指标与抗旱性的关系研究[J].玉米科学,2009,17(3):68-70.

[32] Lilley J M,Ludlow M M. Expression of osmotic adjustment and dehydration tolerance in diverse rice lines[J]. Field Crops Research,1996,48:185-197.

[33] 王敏,杨万明,侯燕平,等.不同类型大豆花荚期抗旱性形态指标及其综合评价[J].核农学报,2010,24(1):154-159.

[34] 鲍一丹,沈杰辉.基于叶片电特性和叶水势的植物缺水度研究[J]. 浙江大学学报(农业与生命科学版),2005,31(3): 341-345.

[35] 胡继超,曾卫星,姜东,等.短期干旱对水稻叶水势、光合作用及干物质分配的影响[J].应用生态学报,2004,15(1):63-67.

[36] Mastrorilli M, Katerji N, Rana G. Productivity and water use efficiency of sweet sorghum as affected by soil water deficit occurring at different vegetative growth stages [J]. European Journal of Agronomy, 1999(11): 207-215.

[37] 张英普,何武全,韩键. 玉米不同时期水分胁迫指标[J]. 灌溉排水,2001,20(4):18-20.
[38] Rana G,Katerji N,Mastrorilli M. Environmental and soil-plant parameters for modeling actual crop evapotranspiration under water stress conditions [J]. Ecological Modelling, 1997(101):363-371.
[39] 胡继超,曹卫星,姜东,等.小麦水分胁迫影响因子的定量研究:Ⅰ.干旱和渍水胁迫对光合、蒸腾及干物质积累与分配的影响[J].作物学报,2004,30(4):315-320.
[40] 黄占斌,山仑.不同供水下作物水分利用效率和光合速率日变化的时段性及其机理研究[J].华北农学报,1999,14(1):47-52.
[41] 于海秋,武志海,沈秀瑛,等.水分胁迫下玉米叶片气孔密度、大小及显微结构的变化[J].吉林农业大学学报,2003,25(3):239-242.
[42] 彭世彰,徐俊增,丁加丽.控制灌溉水稻气孔导度变化规律试验研究[J].农业工程学报,2005,21(3):1-5.
[43] 高彦萍,冯营,马志军,等.水分胁迫下不同抗旱类型大豆叶片气孔特性变化研究[J].干旱地区农业研究,2007,25(2):77-79.
[44] 康绍忠,蔡焕杰. 农业水管理学[M]. 北京:中国农业出版社,1996.
[45] 陈铭德.细胞液浓度与细胞吸水力的关系[J].生物学杂志,1986(1):47-48.
[46] 陶益寿.以农作物的细胞液浓度作为灌水指标的研究[J].喷灌技术,1988(4):34-36.
[47] 王广兴,杨怀赢,杨颂,等.用叶细胞液浓度指标指导冬小麦灌溉的效果与方法[J].河南农林科技,1985(11):1-3.
[48] 康绍忠,刘晓明.作物受旱状况的诊断方法[J].西北水资源与水工程,1992,3(4):30-38.
[49] 彭致功,杨培岭,段爱旺,等.不同水分处理对番茄产量性状及其生理机制的效应[J].中国农学通报,2005,21(8):191-195.
[50] 刘祖贵,陈金平,段爱旺,等.不同土壤水分处理对夏玉米叶片光合等生理特性的影响[J].干旱地区农业研究,2006, 24(1):90-95.
[51] 刘玉青,邵孝侯,王耀富,等.烟草适度亏水效应与生理灌溉指标研究[J].河海大学学报(自然科学版),2006, 34(6):664-666.
[52] 郑健,蔡焕杰,王燕,等.不同供水条件对温室小型西瓜苗期根区土壤水分、温度及生理指标的影响[J].干旱地区农业研究,2011, 29(4):35-41.
[53] 张柏治,殷格侠,张学,等.关中灌区小麦、玉米高产节水灌溉的几个指标确定[J].水土保持通报,2009,29(5):142-145.
[54] 李建明,邹志荣. 灌溉土壤水分上限对温室番茄开花坐果期生理指标的影响[J].西北农业学报,2000, 9(4):71-74.
[55] 贺忠群,邹志荣,陈小红,等.温室黄瓜结果期节水灌溉指标的研究[D].杨凌:西北农

林科技大学,2003.
[56] 王志伟.日光温室甜瓜(Cucumis melo L.)灌溉土壤水分上限指标研究[D].兰州:甘肃农业大学,2005.
[57] 马甜.线辣椒关键生育期适宜土壤水分上下限指标试验研究[D].北京:中国科学院、教育部水土保持与生态环境研究中心,2007.
[58] 王宝英,张学.农作物高产的适宜土壤水分指标研究[J].灌溉排水,1996,15(3):35-39.
[59] 张喜英,裴冬,由懋正,等.几种作物的生理指标对土壤水分的变动的阈值反映[J].植物生态学报,2000,24(3):280-283.
[60] 王友贞,袁先江.水稻旱作覆膜土壤水分控制指标的研究[J].灌溉排水,2001,20(3):62-64.
[61] 史宝成.作物缺水诊断指标及灌溉控制指标的研究[D].北京:中国水利水电科学研究院,2006.
[62] 张瑞美,彭世彰,徐俊增,等.作物水分亏缺诊断研究进展[J].干旱地区农业研究,2006,24(2):205-210.
[63] 张学,王宝英.农田灌水定额的确定[J].西北水资源与水工程,1994,5(4):18-24.
[64] 张玉蓉,顾世祥,谢波.云南省农业灌溉用水定额标准的编制[J].水利水电科技进展,2007,4(2):80-84.
[65] 杜宏伟.农田灌水定额存在的问题与对策[J].科技情报开发与经济,2009,19(36):113-114.
[66] 张新民,王清香.秦王川灌区土壤水分特征曲线及适宜灌水定额确定方法探讨[J].甘肃水利水电技术,1995(3):54-57.
[67] 赵惠君,张建国.晋南冬小麦节水高产灌溉制度研究[J].人民黄河,1995(2):34-38.
[68] 孙景生,肖俊夫,张寄阳,等.夏玉米产量与水分关系及其高效用水灌溉制度[J].灌溉排水,1998,17(3):17-21.
[69] 李曙东,田健.冬小麦灌水定额之初步研究[J].山东水利,2002(11):36.
[70] 杨枚,孙西欢,栗岩峰,等.灌水定额对田间水利用系数的影响[J].太原理工大学学报,2003,34(3):364-367.
[71] 董宏林.关于灌区农田合理灌水定额的商榷[J].西北水力发电,2005,21(s2):27-28,35.